水产养殖业绿色发展技术丛书

小龙虾
绿色高效养殖

技术与实例

农业农村部渔业渔政管理局　组编

李　飞　主编

XIAOLONGXIA
LÜSE GAOXIAO YANGZHI
JISHU YU SHILI

中国农业出版社
北　京

丛书编委会

本书编委会

主　编：李　飞
副主编：顾志敏　万　全　陆剑锋　马华威
编　者：（按姓氏笔画排序）
　　　　万　全　马华威　李　飞　张　龙
　　　　陆剑锋　姜路辛　顾志敏

2019 年，经国务院批准，农业农村部等 10 部委联合印发了《关于加快推进水产养殖业绿色发展的若干意见》（以下简称《意见》），围绕加强科学布局、转变养殖方式、改善养殖环境、强化生产监管、拓宽发展空间、加强政策支持及落实保障措施等方面作出全面部署，对水产养殖业转型升级具有重大意义。

随着人们生活水平的提高，目前我国渔业的主要矛盾已经转化为人民对优质水产品和优美水域生态环境的需求，与水产品供给结构性矛盾突出与渔业对资源环境的过度利用之间的矛盾。在这种形势背景下，树立"大粮食观"，贯彻落实《意见》，坚持质量优先、市场导向、创新驱动、以法治渔四大原则，走绿色发展道路，是我国迈进水产养殖强国之列的必然选择。

"绿水青山就是金山银山"，向绿色发展前进，要靠技术转型与升级。为贯彻落实《意见》，推行生态健康绿色养殖，尤其针对养殖规模大、覆盖面广、产量产值高、综合效益好、市场前景广阔的水产养殖品种，率先开展绿色养殖技术推广，使水产养殖绿色发展理念深入人心，农业农村部渔业渔政管理局与中国农业出版社共同组织策划，组建了由院士领衔的高水平编委会，依托国家现代农业产业技术体系、全国水产技术推广总站、中国水产学会等组织和单位，遴选重要的水产养殖品种，邀请产业上下游的高校、科研院所、推广机构以及企业的相关专家和技术人员编写了这套"水产养殖业绿色发展技术丛书",宣传推广绿色养殖技术与模式,以促进渔业转型升级,保障重要水产品有效供给和促进渔民持续增收。

这套丛书基本涵盖了当前国家水产养殖主导品种和主推技术,围绕《意见》精神,着重介绍养殖品种相关的节能减排、集约高效、立体生态、种养结合、盐碱水域资源开发利用、深远海养殖等绿色养殖技术。丛书具有四大特色:

突出实用技术,倡导绿色理念。丛书的撰写以"技术+模式+案例"的主线,技术嵌入模式,模式改良技术,颠覆传统粗放、简陋的养殖方式,介绍实用易学、可操作性强、低碳环保的养殖技术,倡导水产养殖绿色发展理念。

图文并茂,融合多媒体出版。在内容表现形式和手法上全面创新,在语言通俗易懂、深入浅出的基础上,通过"插视"和"插图"立体、直观地展示关键技术和环节,将丰富的图片、文档、视频、音频等融合到书中,读者可通过手机扫二维码观看视频,轻松学技术、长知识。

品种齐全,适用面广。丛书遴选的养殖品种养殖规模大、覆盖范围广,涵盖国家主推的海、淡水主要养殖品种,涉及稻渔综合种养、盐碱地渔农综合利用、池塘工程化养殖、工厂化循环水养殖、鱼菜共生、尾水处理、深远海网箱养殖、集装箱养鱼等多种国家主推的绿色模式和技术,适用面广。

以案说法,产销兼顾。丛书不但介绍了绿色养殖实用技术,还通过案例总结全国各地先进的管理和营销经验,为养殖者通过绿色养殖和科学经营实现致富增收提供参考借鉴。

本套丛书在编写上注重理念与技术结合、模式与案例并举，力求从理念到行动、从基础到应用、从技术原理到实施案例、从方法手段到实施效果，以深入浅出、通俗易懂、图文并茂的方式系统展开介绍，使"绿色发展"理念深入人心、成为共识。丛书不仅可以作为一线渔民养殖指导手册，还可作为渔技员、水产技术员等培训用书。

希望这套丛书的出版能够为我国水产养殖业的绿色发展作出积极贡献！

农业农村部渔业渔政管理局局长：刘新中

2021 年 11 月

前　言　FOREWORD

　　小龙虾，学名克氏原螯虾，原产于北美地区，由于其对环境的适应性较强，在池塘、河沟、湖泊、稻田等水域都可以繁殖与生长，传入我国后，经过自然繁殖和人工养殖，已广泛分布于我国的各类水域。经过我国水产科技工作者和养殖从业者多年的探索和实践，小龙虾现已成为我国水产养殖重要品种之一，也是我国淡水渔业出口创汇的重要产品之一。2018 年，全国小龙虾养殖总面积达 112 万公顷，总产量达 163.87 万吨，经济总产值达 3 690 亿元，这不仅丰富了老百姓的餐桌，也成为主产区实施乡村振兴战略和农业产业精准扶贫的有效抓手，在培育地方经济增长新动能、推进农（渔）业供给侧结构性改革、促进农（渔）业增效和农（渔）民增收过程中发挥着重要作用。

　　本书作为"水产养殖业绿色发展系列丛书"之一，通过总结编者多年从事克氏原螯虾等淡水虾类养殖研究的成果与实践经验，对克氏原螯虾产业发展现状和养殖生产全过程相关绿色高效养殖技术进行总结归纳。编写的过程中，综合参考了大量有关小龙虾的论文和书籍，在此对原作者表示感谢。本书编写的内容尽量简明扼要、通俗易懂，可以作为水产科普用书，也可以作为养殖户的生产指导用书和渔业生产单位技术培训

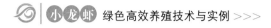

教材。

由于水平和时间有限，书中难免存在不妥之处，敬请读者指正。

编　者
2020 年 7 月

目 录 | C O N T E N T S

第一章 小龙虾养殖概况

第一节 小龙虾的特色与价值分析

小龙虾，正式名称是克氏原螯虾，原产于北美地区，由于其对环境的适应性较强，在池塘、河沟、湖泊、稻田等水域都可以繁殖与生长，20世纪30年代传入我国，经过自然繁殖和人工养殖，已广泛分布于我国的各类水域，尤以长江中下游地区为多。小龙虾现已成为我国重要的水产养殖品种之一，不仅丰富了老百姓的餐桌，而且成为我国淡水渔业出口创汇的重要产品之一。然而，"虾红是非多"，从来没有哪一种水产品，像小龙虾这样让人又爱又怕。比如外国人从来不吃小龙虾，小龙虾喜欢腐臭的环境，吃小龙虾会导致横纹肌溶解综合征等谣言，这些谣言之所以被快速广泛地传播，主要还是因为消费者对小龙虾不够了解。其实，小龙虾虽为外来物种，但经过几十年的适应以及我国水产科技工作者及养殖从业者多年的探索和实践，现在市场销售的小龙虾已经基本不是野生的小龙虾（野生的小龙虾品质和卫生均难以保证），而是通过稻田综合种养、池塘生态养殖、虾蟹混养和水生经济植物池养殖等模式养殖出来的健康小龙虾。据《中国小龙虾产业发展报告（2019）》，2018年，全国小龙虾养殖总面积达112万公顷，总产量达163.87万吨，经济总产值达3 690亿元，已成为生态循环农业发展的主要模式之一，是新时代加快推进渔业绿色发展最具活力、潜力和特色的朝阳产业之一，是主产区实施乡村振兴战略和农业产业精准扶贫的有效

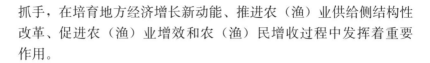

抓手，在培育地方经济增长新动能、推进农（渔）业供给侧结构性改革、促进农（渔）业增效和农（渔）民增收过程中发挥着重要作用。

一、市场分析

小龙虾于 20 世纪 30 年代传入我国的南京、滁州一带，20 世纪 70 年代开始有零星养殖，因其自身生命力强，繁殖快，目前在我国从南到北很多省、市均有分布和养殖，已成为我国自然水体的常见种，也成为我国重要的经济虾类资源之一。

小龙虾的市场也由最初的捕捞野生虾加工出口发展到目前国外和国内两个市场同步发展、线上线下多渠道销售的市场运作模式。小龙虾出口市场主要集中在美国和欧洲，占出口市场比重的 80％以上，出口的主要形式是冷冻小龙虾。2017 年，小龙虾出口量达1.93 万吨、出口额达 2.17 亿美元。2018 年，受国际贸易形势及国内原料市场变化等因素的影响，我国小龙虾出口量下降至 1.08 万吨，出口额下降到 1.88 亿美元，较 2017 年分别下降了 44.04％和 13.36％。

大部分小龙虾还是面向国内消费市场。从国内市场看，小龙虾的消费主要集中在华北、华东和华中地区的大中城市，北京、武汉、上海、南京、长沙、杭州、苏州等城市的年消费量均在万吨以上。近年来，消费区域还在不断扩展，西南、西北、华南、东北地区消费量也在逐年上升。小龙虾交易市场在长江中下游主产地建设得比较成熟，如湖北省的武汉、荆州、鄂州、潜江，湖南省的长沙、岳阳、南县，江西省的九江，江苏省的盱眙、金湖、兴化等地区，都建设了小龙虾批发市场或者小龙虾专营店。冷链配送与物流体系建设也快速发展，开通了货运物流、客运专线物流及航空物流，实现 24 小时内送达全国各地，保障了小龙虾的运输成活率和品质。小龙虾电商经营模式也在不断创新，以京东、阿里巴巴等为代表的"电商平台＋小龙虾"经营模式，全面布局小龙虾销售市场。2017年，仅湖北省电商平台交易额就达5亿元，其中潜江市"虾谷360"垂直电商平台的"互联网＋小龙虾"运营模式，吸纳的采购大户和交易商户达300多家，小龙虾物流配送辐射全国300多个城市、3 000多客户终端，年交易额达3.59亿元。

从小龙虾的市场价格变动规律来看，小龙虾上市供应期较为集中，季节性分化明显，市场价格受上市供给量影响较大，因此，市场还不够成熟、稳定，需要进一步加强对小龙虾养殖模式、上市时间节点与市场供求关系的研究。目前，小龙虾批发价格峰值出现在春冬上市淡季，价格谷值都出现在夏秋上市旺季。一般情况下，3—4月小龙虾市场批发价格较高，一般为45～55元/千克，5月下旬至6月底价格短期回落，低位运行在35～45元/千克，7月上旬开始回升，达60～70元/千克。

二、利用价值

1. 食用价值

小龙虾肉质鲜美、高蛋白、低脂肪、营养丰富，是深受国内外消费者喜爱的一种水产品。陈晓明等（2010）对盱眙小龙虾肌肉中的营养素成分与营养价值分析研究结果表明，小龙虾肌肉的粗蛋白、粗脂肪、水分、灰分含量分别为17.7%、0.1%、80.0%、1.2%；氨基酸总量为15.3%，必需氨基酸占氨基酸总量的39.5%，4种鲜味氨基酸占氨基酸总量的40.2%；微量元素的比例合理。

目前，小龙虾国内的消费方式主要有三种：一是传统的夜宵大排档，二是品牌餐饮企业的主打菜品，三是互联网餐饮。近年来，各地积极加大小龙虾菜肴开发，形成了一大批小龙虾知名菜肴和餐饮品牌，如江苏盱眙的"十三香龙虾"、南京的"金陵鲜韵"系列、湖南南县的"冰镇汤料虾"、湖北潜江的"油焖大虾"等。另外，小龙虾还被加工成虾仁、虾球、虾尾、清水虾、调味虾等进行销售。

2. 小龙虾加工副产物精深加工价值

在小龙虾加工过程中会留下大量的废弃物，如虾头、虾壳等，其中含有大量的甲壳素、虾青素（虾红素）及其衍生物。甲壳素具有降血脂、降血糖、降血压等功能。虾青素（虾红素）是天然抗氧化剂，能有效清除细胞内的氧自由基，增强细胞的再生能力。用虾头、虾壳等废弃料提取甲壳素，其衍生物壳聚糖、氨基葡萄糖盐酸盐等使产业链进一步延伸，拓展至医药产品领域，形成了甲壳素、壳聚糖、几丁聚糖胶囊、几丁聚糖、水溶性几丁聚糖、羧甲基几丁聚糖、甲壳低聚糖等系列产品，产品出口日本、欧美等国家和地区。据不完全统计，2017 年仅湖北和江苏两省，甲壳素及其衍生产品的年产值就超过 25 亿元；2018 年，全国甲壳素及其衍生产品销售收入近 30 亿元。

三、养殖效益分析

目前，小龙虾养殖模式有稻虾综合种养、池塘养殖、莲藕（茭）田套养、虾蟹池塘混养、大水面人工增养殖等。其中，稻虾综合种养为各地主要养殖模式，此模式可细分为稻虾连作、稻虾连作＋共作等模式。根据《中国小龙虾产业发展报告（2018）》，主要模式的产量和效益具体如表 1-1：

表 1-1　不同小龙虾养殖模式产量和效益对比表

养殖模式	小龙虾产量（千克/亩*）	水稻产量（千克/亩）	其他水产品产量（千克/亩）	利润（元/亩）
池塘养殖	150～200	—	—	4 000
虾蟹池塘混养	100	—	75	4 000
稻虾连作	100	500	—	2 000
稻虾连作＋共作	150	500	—	3 000

＊ 亩为非法定计量单位，15 亩＝1 公顷，下同。——编者注

4

第二节 小龙虾养殖发展历程与现状分析

一、国外小龙虾养殖发展历程及现状分析

国外捕捞和销售小龙虾的历史可以追溯到 200 多年前。美国的路易斯安那州在 1880 年就开始从自然水域捕捞和销售小龙虾。但国外养殖小龙虾的历史较短，是从 20 世纪 70 年代后期才开始快速发展起来。北美地区是小龙虾的主要分布地区和原产地，其中美国是主要原产地。1978 年，美国国家研究委员会强调要发展淡水小龙虾的养殖产业，小龙虾的养殖量已占美国甲壳类水产养殖产量的 90% 以上。1985 年，仅路易斯安那州的小龙虾养殖面积就超过了 72 万亩，年产量达 8 万吨。自 1995 年以来，美国小龙虾的总产量一直维持在 10 万吨左右，其中路易斯安那州小龙虾养殖产量占比最大。

此外，伯利兹、巴西、哥斯达黎加、多米尼加、葡萄牙、西班牙、法国、塞浦路斯也都引进并开展过小龙虾的养殖。另外，也有通过其他方式扩散使得有小龙虾在日本、肯尼亚、乌干达等国也有分布。

二、国内小龙虾养殖发展历程及现状分析

小龙虾于 20 世纪 30 年代传入我国，70 年代开始有零星养殖。1983 年中国科学院动物研究所戴爱云第一次提出将小龙虾作为一种水产资源加以开发和利用，与此同时，华中农业大学水产学院和湖北省水产科学研究所也开始对小龙虾展开研究。1991 年，我国小龙虾的年产量达 4 万多吨，仅次于美国，成为世界淡水螯虾的生产大国。2004 年，我国小龙虾的总产量已达 20 多万吨，仅湖北省

的产量就已经达到 9.06 万吨，此时，我国已成为世界淡水小龙虾产量最大的国家。湖北省最早从 1988 年开始出口小龙虾加工产品；至 2004 年全国出口小龙虾加工产品达 1 万吨以上，仅湖北就出口小龙虾就 5 131.24 吨；2005 年我国已成为小龙虾的养殖和出口大国。

根据《中国小龙虾产业发展报告（2018）》和《中国小龙虾产业发展报告（2019）》，从产量来看，全国目前有小龙虾养殖产量报告的省份有 21 个，其中产量排名前五的省份分别是湖北省、安徽省、湖南省、江苏省和江西省，2017 年，这 5 省的小龙虾养殖产量占全国总产量的 96.91%。从养殖水域和模式来看，2017 年，全国小龙虾稻田养殖面积约为 850 万亩，占总养殖面积的70.83%，池塘养殖面积约为 200 万亩，占总养殖面积的 16.67%，其他虾蟹混养、大水面增殖、莲藕（苇）塘套养等混养面积约为150 万亩，占总养殖面积的 12.50%。

第三节　小龙虾产业发展前景展望

尽管我国小龙虾产业取得了突飞猛进的发展，但在发展过程中依然存在着种苗供不应求、生产水平不平衡、养殖基础条件差、技术和服务滞后、精深加工能力不足、市场不稳定不成熟等问题，很大程度上制约着小龙虾产业的健康可持续发展，给一些从业者带来不少忧虑和损失，但从小龙虾产业发展的市场空间、小龙虾现有的产量、小龙虾的产品特点以及广大消费者的消费观念和热度来看，小龙虾产业的发展前景还是非常乐观的，只是我们还需要抓紧解决产业发展中的各个瓶颈问题，做好科学规划和引导。关于小龙虾产业发展存在的问题、产业前景分析和下一步急需做好的工作，具体如下。

一、存在的问题

1. 养殖基础设施建设不完善

目前，小龙虾养殖池塘标准化程度不高，养殖尾水处理设施相对落后，生态循环化养殖工程不够完善。稻虾综合种养田间工程建设有待继续规范，田间沟渠挖掘不合理、不科学，田埂高度普遍偏低，宽度普遍偏窄，稻田保水、进排水闸口及防逃等基础建设仍不完善。

2. 小龙虾种业体系尚不健全

小龙虾苗种繁育规模化、工厂化程度低，良种场、保种场建设滞后，自繁自育技术水平参差不齐，缺乏繁育技术规范，品质改良体系严重匮乏，急需科学布局和创建专业化、商业化育种体系。此外，需要加强小龙虾种质资源调查，加强不同地理种群遗传多样性研究，建立种质资源库，开展种质资源保护。

3. 加工业发展水平相对滞后

小龙虾加工比例低，与小龙虾产业快速发展不相匹配。加工企业数量少，规模小，精深加工技术和工艺落后，综合利用能力不足，对小龙虾附加值开发不充分。加工品牌不响，加工产品趋同，市场认可度不高。

4. 组织化和集约化程度水平不高

小龙虾产业组织化、集约化程度不高，粗放式养殖、小规模养殖仍是主流，缺乏统一的生产规范和标准，这限制了产业的竞争力和产业化水平以及抗风险能力的提升。行业协会、大型合作社、龙头企业等组织培育不充分，数量少，组织示范引领作用发挥不够明显。"养、加、销"一体化经营主体培育力度还应加大，一二三产业融合度有待提高。

5. 市场供求不平衡不稳定

由于小龙虾供给季节性明显，导致季节性供需矛盾十分突出，进而导致小龙虾市场价格波动较大，集中供货上市会导致价格急速降低，甚至低于小龙虾养殖的成本，因此常常导致一些刚投入小龙虾养殖的养殖户丰产不丰收，大大打击了养殖户的积极性。因此，急需深入研究市场价格变化规律，指导养殖户根据市场规律提前做好规划，尽量做到提前上市或者错峰上市。

二、产业前景分析

1. 健康食品的属性决定了消费群体的广泛

随着人们消费水平的不断提高，消费观念也发生了前所未有的改变，已经由原来的"吃得饱""吃得好"转变为现在的"吃得健康""吃得安全"，大鱼大肉、山珍海味已经从我们的餐桌上逐步远离，营养全面、休闲有趣的食品越来越受到人们的欢迎，小龙虾正好符合人们的现代消费需求。从蛋白质成分来看，小龙虾的蛋白质含量高于大多数的淡水鱼虾和海水鱼虾，其氨基酸组成优于肉类，不但含有人体所需 8 种必需氨基酸，而且还含有脊椎动物体内含量很少的精氨酸和幼儿必需的组氨酸。小龙虾的脂肪含量仅为 0.2%，不但比畜禽肉低得多，比青虾、对虾也低许多，而且其脂肪大多是由人体所必需的不饱和脂肪酸组成，易被人体消化和吸收，并且具有防止胆固醇在体内蓄积的作用。小龙虾和其他水产品一样，含有人体所必需的矿物质。此外，小龙虾个大肉少，不易吃饱，吸吮有味，具备休闲食品的特征。由此可见，小龙虾普遍受到人们的青睐，也就不足为奇了，大至高档酒店，小至平常百姓，人人爱吃小龙虾，家家吃得起小龙虾，小龙虾的消费群体预期会保持不断扩张的发展势头。

2. 烹饪方式的多样破解了众口难调的难题

小龙虾从当初的食之无味，到"十三香"的声名鹊起，再到以麻辣为主题的小龙虾菜肴充斥大江南北，让好辣者争先恐后、大快朵颐，使喜清淡者望而生畏、叹无口福，消费群体暂时受到了局限。聪明的"小龙虾人"及时发现了这一问题，经过不断地研究和挖掘，相继推出了蒜泥小龙虾、清蒸小龙虾、油焖小龙虾、红烧小

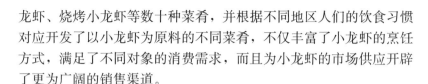

龙虾、烧烤小龙虾等数十种菜肴，并根据不同地区人们的饮食习惯对应开发了以小龙虾为原料的不同菜肴，不仅丰富了小龙虾的烹饪方式，满足了不同对象的消费需求，而且为小龙虾的市场供应开辟了更为广阔的销售渠道。

3. 国际市场的衔接降低了市场单一的风险

小龙虾既不同于仅限于国内的大宗水产品青鱼、草鱼、鲢、鳙、鲤、鲫、鳊，也不同于受限于东南亚的河蟹、鳖等特色水产品，它的最大优势之一是属于世界性食品，尤其在欧美市场更是供不应求。目前，国内小龙虾产量尚不能满足国内市场需求，更是远远满足不了国际消费需求。欧美国家是小龙虾的主要消费国，年消费量达 12 万～16 万吨，但其自给能力不足 30%。此外，欧美国家对小龙虾加工制品的进口需求量大，每年的市场需求量在 3 万吨左右。国际市场的大量需求，将有效化解国内市场单一的风险，为小龙虾产业的发展提供了广阔的市场空间和潜力。

4. 产品精深加工在一定程度上克服了季节性强的局限

季节性较强是水产养殖的显著特点，喜欢鲜活是中国人普遍的消费习惯，正是这两大特征限制了水产品的常年均衡供应。与其他蟹、虾类水产品不同，小龙虾的暂养成本较低，技术要求不高，可以有效缓解集中上市带来的压力。另外，小龙虾的加工技术较为成熟，无论是整只真空包装，还是分解后的即食食品，都为消费者所喜爱。不仅如此，从甲壳中还可提取甲壳素、几丁质和壳糖胺等工业原料，被广泛应用于农业、食品、医药、烟草、造纸、印染、日化等领域，加工增值潜力很大。加工业的快速发展极大地缓解了小龙虾集中上市带来的压力。

5. 市场营销的成熟确立了销售渠道的畅通

近十年来，各地、各级政府纷纷瞄准小龙虾产业这一新的经济增长点，积极采取措施，本着"政府搭台、企业唱戏""政府引导、企业主导"的原则，通过出台各种优惠政策、建立高起点宣传平台、举办各类节庆活动、兴办大型交易市场、开办特色连锁餐厅、打造冷链物流一体化、搭建经纪人队伍、培训电子商务人才等多种形式，积极推动小龙虾产业发展。经过近年来的规范运作，小龙虾的市场流通已经日趋成熟，已经建立了产前、产中、产后综合服务体系，基本形成了从产地到市场到餐桌的畅通快捷的营销系统。当然，任何一个行业都有一个从不成熟到成熟的过程，小龙虾行业也不例外，还有很多地方需要进行完善。

三、下一步急需做好的工作

1. 促进养殖规模化

要统筹规划，通过加大政策扶持和资金投入力度，因地制宜地推广土地季节性流转和适度规模经营，逐步完善水、电、路等公共配套设施建设，促进小龙虾养殖上规模、上档次。大力推广稻虾连作、虾蟹混养、莲藕池养殖、精养池专养和鳖池混养等多种模式。

2. 推进生产标准化

建设标准较高、管理规范的小龙虾人工繁育基地，有效解决小龙虾规模化养殖的苗种供应问题。同时完善相关配套技术，并形成技术规范；开展科技攻关，着力解决苗种、病害防治等技术问题，提高单位面积产量，选育优良品种和优质种苗；大力推行标准化生产，普及生态健康养殖。尤其是做好小龙虾病害防控，实行全程质量监控，确保产品质量符合标准。

3. 引导经营产业化

应按照贸工渔、产学研相结合的思路，通过推进产业结构战略性调整，按照市场规律的原则和"壮一接二连三"的总体要求，不断整合资金、技术和管理资源，完善冷链物流的有效衔接，切实减少中间环节，重点搞好养殖基地与加工企业的对接，拉紧产业链条。大力培植小龙虾加工龙头企业，加快技术装备的升级改造，加快新产品的研发，进一步提高其辐射、示范、带动功能，以龙头企业为支撑，发展订单养殖生产。同时，最大限度地开发小龙虾潜在价值，开展小龙虾深度精细加工和综合利用，力争实现产业化经营，把小龙虾产业做大做强。

10

4. 实行销售品牌化

鼓励和扶持各类小龙虾生产、加工、销售等专业经济合作组织发展，通过规范运作、强化服务等手段提高小龙虾发展的组织化程度，按照市场化、产业化的要求和市场规律的要求，强化品牌意识，实施精品名牌战略，积极创建并重点打造小龙虾品牌。加大扶持、整合力度，扩大规模，不断拓展营销空间，提升产品附加值，将资金、技术等要素向品牌产品集聚，通过品牌建设工程，带动小龙虾产业上档次、上水平，提高市场占有率和竞争力，做大做强小龙虾产业。

第二章 小龙虾生物学特性

第一节　分类与分布

小龙虾，正式名称是克氏原螯虾（*Procambarus clarkii*），在动物分类学上属节肢动物门、甲壳纲、十足目、螯虾科、原螯虾属（彩图1）。小龙虾是当今世界上最主要的淡水螯虾养殖种类之一，其产量占整个螯虾产量的70%～80%。小龙虾原产于北美，最初只分布在墨西哥东北部和美国中南部，后来逐渐扩散到美国至少15个州，目前在非洲、亚洲、欧洲以及南美洲均有分布。

20世纪30年代，小龙虾由日本传入我国的南京、滁县一带，因其自身生命力强，繁殖快，我国由南到北都有适宜它生存和发展的空间，小龙虾在我国迅速扩展到北京、天津、河北、山西、河南、安徽、湖北、湖南、江西、上海、浙江、广东等省份，成功归化成我国自然水体的一个常见种，成为我国重要的水产资源。最近十多年来小龙虾种群发展很快，在部分湖泊和地区已成为当地的优势种群。目前小龙虾在我国北自辽宁，南抵广东、云南，东起台湾，西达四川、甘肃均有分布，但是其主产区还是江苏、湖北、江西、安徽、浙江等长江中下游地区的江、河、湖泊、池塘等水体。

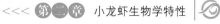

第二节　形态特征

一、外部形态

小龙虾体表披一层尖硬的几丁质外壳（彩图 2），体长而扁，分为头胸部、腹部和尾部。头胸部稍大，成圆筒状，根据头胸甲所对应的器官，可把它分为额区、眼区、胃区、肝区、心区、触角区、颊区和鳃区。头胸甲前部是圆尖形，头前端两侧有 1 对大的复眼，通过眼柄与头部相连，可以转动，眼柄下是触觉腺。腹部与头胸部相接，腹部向后稍渐小，呈扁形，尾部由 3 片尾甲构成扇形。头部前 2 对附肢演变成触角，分别为第一、第二触角，均为双肢型，第三对附肢为大颚，第四、第五对附肢为第一、第二小颚，因后 3 对附肢是口器的主要部分，所以称为口肢。胸肢的前 3 对附肢是颚足，协助头部的 3 对口肢摄食。胸部的后 5 对附肢为步足，其第一对步足具螯，为螯足。雄虾的螯比雌虾的更为发达。雄虾的第一螯足较大，具鲜艳的颜色，且螯足的前端外侧有一明亮的红色软疣。雌虾螯足较小，大部分没有红色软疣，仅少部分有，但小且颜色较淡。螯足是摄食和防御的工具，后 4 对步足具有运动功能，用于爬行。腹部具有 6 对附肢，前 5 对附肢是腹足，助于行动，均属游泳器官。第六对附肢与尾节构成尾扇，具有使身体升降和向后弹跳进行快速运动的功能。雌虾在抱卵期和孵化期间，尾扇均向内弯曲，爬行或受到敌害攻击时，可以保护受精卵或幼虾免受伤害。

二、内部结构

小龙虾属节肢动物门，体内无脊椎，整个体内分为消化系统、呼吸系统、循环系统、排泄系统、神经系统、生殖系统、肌肉运动系统和内分泌系统八大部分（图2-1）。

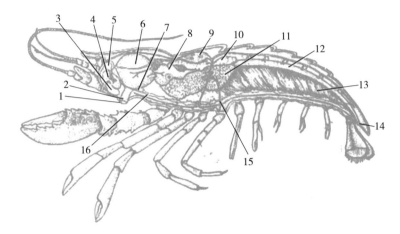

图 2-1　小龙虾的内部结构模式图（雄虾）
1. 口　2. 食道　3. 排泄管　4. 膀胱　5. 绿腺　6. 胃　7. 神经
8. 幽门胃　9. 心脏　10. 肝胰脏　11. 性腺　12. 肠
13. 肌肉　14. 肛门　15. 输精管　16. 神经

1. 消化系统

小龙虾的消化系统包括口、食道、胃、肠、肝胰脏、直肠、肛门。口开于两大颚之间，后接食道。食道为一短管，后接胃。胃分为贲门胃和幽门胃，贲门胃的胃壁上有钙质齿组成的胃磨，幽门胃的内壁上有许多刚毛。胃囊内，胃外两侧各有一个白色或淡黄色、半圆形、纽扣状的钙质磨石（彩图3）。磨石在蜕壳前期和蜕壳期较大，蜕壳间期较小，起着调节钙质的作用。胃后是肠，肠的前段两侧各有一个黄色的、分支状的肝胰脏，肝胰脏有肝管与肠相通。肠的后段细长，位于腹部的背面，其末端为球形的直肠，通肛门。肛门开口于尾节的腹面。

2. 呼吸系统

小龙虾的呼吸系统共有鳃17对，存在子鳃腔内。其中，7对鳃较粗大，与后两对颚足和五对胸足的基部相连，鳃为三棱柱状，每棱密布排列着许多细小的鳃丝；其他10对鳃细小，薄片状，与

鳃壁相连。小龙虾呼吸时，颚足扇动水流进入鳃腔，水流经过鳃丝完成气体交换。

3. 循环系统

小龙虾的循环系统包括心脏、血液和血管，是一种开放式循环。心脏在头胸部背面的围心窦中，为半透明、多角形的肌肉囊，有 3 对心孔，心孔内有防止血液倒流的膜瓣。血管细小，透明。由心脏前行有动脉血管 5 条，由心脏后行有腹上动脉 1 条，由心脏下行有胸动脉 2 条。血液即为体液，是一种透明、非红色的液体。

4. 排泄系统

在头部大触角基部内部有一对绿色腺体，腺体后有一膀胱，由排泄管通向大触角基部，并开口于体外。

5. 神经系统

小龙虾的神经系统包括神经节、神经和神经索。神经节主要有脑神经节、食道下神经节等，神经则是连接神经节通向全身。现代研究证实，小龙虾的脑神经干及神经节能够分泌多种神经激素，这些神经激素调控小龙虾的生长、蜕壳及生殖的生理过程。

6. 生殖系统

小龙虾雌雄异体。其雄性生殖系统包括 1 对输精管及位于第五胸足基部的 1 对生殖突；其雌性生殖系统包括卵巢 1 对，输卵管 1 对，输卵管通向第三对胸足基部的生殖孔。雄性小龙虾的交接器（第一、第二对腹足）及雌性小龙虾的贮精囊虽不属于生殖系统，但在小龙虾的生殖过程中起着非常重要的作用。

7. 肌肉运动系统

小龙虾的肌肉运动系统由肌肉和甲壳组成。甲壳又称为外骨骼，起支撑作用，在肌肉的牵动下起着运动的功能。

8. 内分泌系统

目前在许多资料中没有提及小龙虾有内分泌系统，实际上小龙虾是存在内分泌系统的，只不过它的许多内分泌腺往往与其他结构组合在一起。如与脑神经节结合在一起的细胞，能合成和分泌神经激素；小龙虾的眼柄，具有激素分泌细胞，分泌多种调控小龙虾蜕壳和性腺发育的激素；小龙虾的大颚器，能合成一种化学物质——甲基法尼酯（MF），该物质调控小龙虾精卵细胞蛋白的合成和性腺的发育。

第三节 生活习性

一、生存环境

小龙虾对环境的适应能力很强，在湖泊、河流、池塘、河沟、水田均能生存，喜栖息于水草、树枝、石隙等隐蔽物中，其栖息地通常随季节的变化而出现季节性的移动。有些个体甚至可以忍受长达 4 个月的干旱环境，但缺水会引起小龙虾种群规模的显著下降。小龙虾耐低氧和氨氮，pH 5.8～9，溶解氧低于 1.5 毫克/升时仍能正常生存，在氨氮为 2.0～5.0 毫克/升时，对其生长无明显影响，但氨氮过高会使其生长受到抑制，甚至造成大量死亡。清新的水质有助于小龙虾的生长，在水质恶化、缺氧的情况下小龙虾可以爬上岸利用空气中的氧气，但生长会受到抑制。在繁殖季节，雄虾可以在陆地上连续几天进行十多千米的迁移。小龙虾喜欢中性和偏碱性的水体，pH 在 7～9 时最适合其生长和繁殖。适宜小龙虾生长的水温为 20～32℃，其耐受性较强，能在 40℃的高温及－15℃的低温下存活，在珠江流域、长江流域和淮河流域均能自然越冬。水体温度在 33℃以上或 15℃以下时，小龙虾进入不摄食或半摄食的打洞状态；当水温下降到 10℃以下时，小龙虾进入不摄食的越冬状态。

罗静波等（2005）研究亚硝酸盐氮对小龙虾的急性毒性效应结果表明，小龙虾仔虾对亚硝酸盐氮的耐受性随接触时间的增加而明显减低，亚硝酸盐氮对小龙虾仔虾的安全浓度为 1.52 毫克/

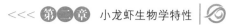

升。小龙虾对重金属、某些农药（如敌百虫、菊酯类杀虫剂）非常敏感，同时对某些重金属有富集作用，因此养殖水体应符合国家颁布的渔业水质标准和无公害食品淡水水质标准，严禁使用有毒和对环境有危害的化学药品、添加剂。如用地下水养殖小龙虾，必须先对地下水进行检测，以免重金属含量过高，影响小龙虾的生长发育和产品质量安全。使用农药和化学药品一定要考虑药品残留问题，要按照国家无公害养殖标准的要求开展养殖，并适时进行检测。

二、行为特性

1. 攻击行为

小龙虾生性好斗（彩图4），在饲料不足或争夺栖息地时，常会出现打斗现象。小龙虾在蜕壳过程中，也常出现被其他虾致残致死的现象。因此，养殖过程中应适当移植水草或在池塘中增添隐蔽物，减少小龙虾之间互相残杀的概率。

2. 领域行为

小龙虾领域行为明显，它们会精心选择某一区域作为其领域，在其区域内进行掘洞、活动、摄食，不允许其他同类进入，只有在繁殖季节才允许异性进入。

3. 掘洞行为

小龙虾掘洞能力较强，在无石块、杂草及洞穴可供躲藏的水体，常在堤岸处掘洞（彩图5）。洞穴的深浅、走向与水体水位的波动、堤岸的土质及生活周期有关。在水位升降幅度较大的水体和小龙虾的繁殖期，所掘洞穴较深；在水位稳定的水体和小龙虾的越冬期，所掘洞穴较浅；在生长期，小龙虾基本不掘洞。洞穴最长的可达100厘米，直径可达9.2厘米。小龙虾能利用人工洞穴和水体内原有的洞穴及其他隐蔽物作为其洞穴，其掘穴行为多出现在繁殖期，因而在养殖池中适当放置人工巢穴，能大大减轻小龙虾对池埂、堤岸的破坏。

4. 趋水行为

小龙虾有较强的攀爬和迁徙能力，在水体缺氧、缺饵、污染及其他生物、理化因子发生骤烈变化的情况下，常常爬出水面进入另一水体，如下雨（特别是下大雨时），小龙虾常爬出水体外活动，从一个水体到另一个水体。小龙虾常常逆水上溯，且逆水上溯的能力很强。

第四节　食性与摄食

一、食性

小龙虾的食性很杂，植物性饵料和动物性饵料均可食用，各种鲜嫩的水草［菹草（彩图 6）、轮叶黑藻（彩图 7）、伊乐藻（彩图 8）、苦草（彩图 9）和水花生（彩图 10）］、水体中的底栖动物、软体动物、大型浮游动物、各种鱼虾及同类的肉都是小龙虾喜食的饲料，对人工投喂的各种植物、动物下脚料及人工配合饲料也喜食。在生长旺季，池塘下风处浮游植物很多的水面，能观察到小龙虾将口器置于水平面处用两只大螯不停划动水流将水面藻类送入口中的现象，表明小龙虾能够利用水中的藻类。小龙虾的食性在不同的发育阶段稍有差异。刚孵出的幼虾以其自身存留的卵黄为营养源，之后不久便开始摄食轮虫等小型浮游动物，随着个体的不断长大，可以摄食较大的浮游动物、底栖动物和植物碎屑。成虾兼食动植物饵料，主食植物碎屑、动物肉，也摄食水蚯蚓、摇蚊幼虫、小型甲壳类及一些水生昆虫。

二、摄食

小龙虾摄食方式是用螯足捕获大型食物，撕碎后再送给第二、

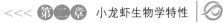

第三步足抱住啃食。小型食物则直接用第二、第三步足抱住啃食。小龙虾猎取食物后，常常会迅速躲藏或用螯足保护，以防其他虾类抢食。

小龙虾的摄食能力很强，且具有贪食、争食的习性，饲料不足或群体过大时，会有互相残杀的现象，尤其会出现硬壳虾残杀并吞食软壳虾的现象。小龙虾多在傍晚或黎明摄食，尤以黄昏为多。在人工养殖条件下，经过一定的驯化，白天也会出来觅食。小龙虾耐饥饿能力很强，十几天不进食仍能正常生活。小龙虾的摄食强度在适温范围内随水温的升高而增加。摄食时的最适水温为 25～30℃，水温低于 8℃ 或超过 35℃ 时，小龙虾摄食量明显减少，甚至不摄食。

在 20～25℃ 条件下，小龙虾每昼夜摄食马来眼子菜可达体重的 3.2%，摄食竹叶菜可达体重的 2.6%，摄食水花生达体重的 1.1%，摄食豆饼达体重的 1.2%，摄食人工配合饲料达体重的 2.8%，摄食鱼肉达体重的 4.9%，而摄食丝蚯蚓高达体重的 14.8%，可见小龙虾是以动物性饲料为主的杂食性动物。在天然水体中，其主要食物有高等水生植物、丝状藻类、植物种子、底栖动物、贝类、小鱼、沉水昆虫及有机碎屑。由于小龙虾游泳能力较差，在自然条件下捕获动物性饲料的机会少，所以在其食物组成中，植物性食物占 98% 以上。

第五节　蜕壳与生长

小龙虾是通过蜕壳（彩图 11）来实现体重和体长的生长，在蜕壳后，虾体迅速吸收水分，可达体重的 20%～80%，每蜕壳一次，体长和体重均有一次飞跃式增加，蜕壳后，新的甲壳于 12～24 小时后硬化。小龙虾的蜕壳与水温、营养及个体发育阶段密切相关。小龙虾的蜕壳多发生在夜晚，在人工养殖条件下，有时白天也可见其蜕壳，但较为少见。根据小龙虾的活动及摄食情况，其蜕壳周期可分为蜕壳间期、蜕壳前期、蜕壳期和蜕壳后期4个阶段。蜕壳间期是小龙虾为生长积累营养物质的阶段，这一阶段摄食旺盛，甲壳逐渐变硬。蜕壳前期从小龙虾停止摄食起至蜕壳前，这是小龙虾为蜕壳做准备的阶段。虾停止摄食，甲壳里的钙向体内的钙石转移，体内的钙石变大，甲壳变薄、变软，并且与内皮质层分离。蜕壳期是从小龙虾侧卧蜕壳开始至甲壳完全蜕掉为止，这个阶段持续时间从几分钟至十几分钟不等，大多数在5～10分钟，时间过长，则小龙虾易死亡。蜕壳后期是从小龙虾蜕壳后至开始摄食，这个阶段是小龙虾的甲壳由皮质层向甲壳演变的过程。水分从皮质进入体内，身体变大、增重；体内钙石的钙向皮质层转移，皮质层变硬、变厚，成为甲壳，体内钙石最后变得很小。

小龙虾的个体增长在外形上并不连续，呈阶梯形，每蜕一次壳，体重呈几何级增长。幼虾脱离母体后，很快进入第一次蜕壳阶段，蜕壳周期随着个体增大而逐渐延长，幼体阶段每隔2～3天蜕壳1次；幼虾阶段每隔5～7天蜕壳1次；成虾阶段每隔10天左右蜕壳1次。小龙虾从幼体阶段到商品虾养成需要蜕壳20次以上。在自然生态条件下，小龙虾生长1周年左右，体长可达到8.1厘米，即全长9.9厘米，体重达到37.5克。养殖试验表明，在人工条件下，小龙虾生长1周年，体长可达到8.5厘米，即全长10.2厘米，体重45克以上。

第六节　繁殖习性

一、性成熟年龄

通过周年采样分析，小龙虾的性成熟年龄为1年左右。性成熟雌虾最小体长为 6.4 厘米，最小体重为 10 克；性成熟雄虾最小体长为 7.1 厘米，最小体重为 20 克。

二、雌雄辨别

小龙虾雌、雄异体，性成熟后的雌、雄虾在外形上都显示出明显的性别差异，一般是很容易鉴别的。从整体大小上可以判断：在达到性成熟的同龄小龙虾群体中，雄性个体大于雌性个体。雄性小龙虾螯足膨大，而雌性小龙虾螯足较小；雄性小龙虾第一、第二腹足演变成白色、钙质的管状交接器（彩图 12），雌性小龙虾第一腹足退化，第二腹足羽状，第三步足具有生殖孔，第四步足和第五步足中间位置具有纳精囊（彩图 13）。

三、繁殖产卵时期

小龙虾的繁殖产卵期为每年 7—10 月，产卵高峰期为 8—9 月，10 月底以后由于水温逐步降低，部分受精卵一直延续到第二年春季才孵化。试验证明，水温在 5～10℃时，雌虾所抱受精卵需 3 个月以上才能孵化，这就是在每年春季有抱卵虾和抱仔虾现象的原因。

四、群体性别比例

通过一周年调查取样，对共 1 200 尾小龙虾进行性别比例分析，结果为雌虾 579 尾，雄虾 621 尾，雌雄比为 1∶1.071。在繁殖季节（7—10 月），从小龙虾的洞穴中挖掘出的虾的数量得知，雌雄比为 1∶1。但从越冬的洞穴中挖掘出虾的雌雄比例很少有 1∶1 的，而且各个洞穴的雌雄比不一样，有的洞穴中雌虾多，雄虾少；有的洞穴则刚好相反。

五、雌雄交配

1. 交配时间

小龙虾的交配时间随着虾群密度和水温的不同而长短不一，短的只有几分钟，长的则有一个多小时（彩图 14）。在密度比较低时，小龙虾交配的时间较短，一般为 30 分钟；在密度比较高时，小龙虾交配的时间相对较长，交配时间最长达 72 分钟。交配的最低水温为 18℃。1 尾雄虾可先后与 2 尾及 2 尾以上的雌虾进行交配（彩图 15）。

2. 交配季节

小龙虾在自然条件下，5—9 月为交配季节，其中以 6—8 月为高峰期。小龙虾不是交配后就产卵，而是交配后 7～30 天才产卵。在人工放养的水族箱中，成熟的小龙虾只要是在水温合适的情况下都会交配，但产卵的虾较少，产卵时间较晚。

3. 交配行为

有交配欲望的雄虾先接近雌虾，并用螯接触雌虾，如果雌虾没有反抗，则雄虾就乘机用发达的螯钳夹住雌虾的螯，将雌虾翻转，并迅速用胸肢将雌虾抱住，同时用尾部抵住雌虾的尾部，从而让雌虾的腹部伸直，以便让雄虾的交接器更好地接触雌虾的生殖孔。在交配过程中，雄虾和雌虾是平躺着的，但雄虾稍在上面。雄虾在交配的时候表现得很活跃，触须在不停地摆动，同时用腹肢不停地有节奏地抚摩雌虾的腹部；而雌虾则表现得很平静，触须和腹肢都未见有摆动。当周围环境有变动时（如有敌害或同类虾干扰），雌虾会表现不安，同时弯曲腹部，反抗雄虾，当环境重新恢复平静时，雌虾也会恢复安静；当交配快要结束时，雌虾会断断续续地弯曲腹部，以反抗雄虾，而雄虾则不断地用尾部抵住雌虾尾部以制止雌虾的反抗，当雌虾反抗剧烈时，雄虾就松开螯钳。当然，有完整螯钳的小龙虾能更好地完成交配行为，而断了一只螯钳的雄虾和断了同样一边螯钳的雌虾也能完成交配行为，但交配过程较有完整螯钳的

虾困难；没有螯钳的虾也能交配，但交配过程用胸肢来完成，完成的过程较前两种困难。这说明小龙虾的螯钳在交配行为中扮演着十分重要的角色。

六、受精卵的孵化和幼体发育

雌虾刚产出的卵为暗褐色或黑色，卵径约 1.6 毫米。日本学者 Tetsuya Suko（1956）对小龙虾受精卵的孵化进行了研究，发现在水温 7℃ 的条件下，受精卵的孵化约需 150 天；在水温 15℃ 条件下，受精卵的孵化约需 46 天；在水温 22℃ 条件下，受精卵的孵化约需 19 天。笔者经观察了解到，在 24～26℃ 的水温条件下，受精卵孵化需 14～15 天；在 20～22℃ 的水温条件下，受精卵的孵化需 20～25 天。如果水温太低，受精卵的孵化可能需数月之久。这就是在第二年的 3～5 月仍可见到抱卵虾的原因。有些人在 5 月观察到抱卵虾，据此认为小龙虾是春季产卵或一年产卵两次，这是错误的。刚孵化出的幼体长 5～6 毫米，靠卵黄营养生长，几天后蜕壳发育成二期幼体。二期幼体长 6～7 毫米，附肢发育较好，额角弯曲在两眼之间，其形状与成虾相似。二期幼体附着在母体腹部，能摄食母体呼吸水流带来的微生物和浮游生物，离开母体后仅能微弱行动，短距离地游回母体腹部。在一期幼体和二期幼体时期，若惊扰雌虾，会造成雌虾与幼虾分离较远，幼虾不能游回到雌虾腹部而死亡。二期幼虾几天后蜕壳发育成仔虾，全长 9～10 毫米。此时仔虾仍附着在母体腹部，形状几乎与成虾一致，仔虾对母体也有很大的依赖性（彩图 16），随母体离开洞穴进入开放水体，成为幼虾。在 24～28℃ 的水温条件下，小龙虾幼虾发育阶段需 12～15 天。吕建林、龚世园等（2006）研究了小龙虾的胚胎发育过程，①受精卵的颜色变化过程为棕色（彩图 17）→棕色中夹杂着黄色（彩图 18）→黄色中夹杂着黑色（彩图 19）→黑色（彩图 20）；②胚胎发育过程共分 12 期（受精卵、卵裂期、囊胚期、原肠前期、出现半圆形内胚层沟、出现圆形内胚层沟、原肠后期、无节幼体前期、无节幼

体后期、前溞状幼体期、溞状幼体期和后溞状幼体期）；③9月，整个孵化期间的水温为 19～30℃，平均水温为 25.8℃，胚胎发育时间为 17～20 天，而在 11 月时，孵化期间的水温为 4～10℃，平均水温为 5.2℃，胚胎发育时间为 90～100 天。

第三章

小龙虾绿色高效养殖技术

第一节　小龙虾苗种繁育技术

　　苗种繁育是支撑一个品种养殖产业发展必不可少的关键环节之一，只有实现苗种的规模化生产和供应，产业才能发展壮大。然而，由于小龙虾具有特殊的繁殖习性，它可以自然产卵、孵化，可以很容易地在各种繁殖设施中繁育后代，所以很多养殖户主要依靠养殖池或稻田成熟的小龙虾自繁自育，形成自给自足的苗种供应方式。但是这种方式存在很多缺陷，主要表现在缺少科学的选育，繁殖出的后代不整齐、数量难以控制等方面，这在很大程度上制约了小龙虾产业的健康发展。因此，需要根据小龙虾特殊的繁殖习性，采取针对性的措施，大力倡导科学的小龙虾苗种繁育技术。

　　小龙虾的苗种繁育方式主要有土池育苗、稻田生态繁育和室内工厂化育苗等方式。目前，在实际生产中小龙虾室内工厂化育苗技术尚未完全成熟，小龙虾的育苗主要还是采取土池育苗。笔者根据自身从事小龙虾苗种繁育的研究成果和生产经验，将现有的小龙虾苗种繁育技术进行整合和优化，现介绍如下。

一、土池苗种规模化繁育技术

（一）苗种繁殖池选择与要求

　　小龙虾繁育池土质应为黏土或壤土，面积2～3亩，长方形，池深 1.5 米左右，进排水系统完善，繁育池埂坡比 1∶3，不漏水或渗水，池底淤泥 10 厘米左右；根据小龙虾的穴居习性，苗种繁殖池最好既有深水区，又有浅水区；养殖区域内及水源上游水质清新，水源充足，无对养殖环境构成威胁的污染物源，池塘进水时用 60～80 目筛绢网过滤。

（二）生态环境营造

1. 构建防逃设施

塘埂四周用砂皮纸或石棉瓦、塑料板、薄膜等材料埋入土中 20～30 厘米，上部高出土层 30～50 厘米，每隔 1 米用竹木桩支撑固定，用于构建防逃设施（彩图 21）。

2. 增加亲虾栖息面积

通过在池塘中间建设小土丘的方式增加小龙虾亲虾栖息和掘洞的面积（彩图 22）。

3. 清塘

小龙虾的土池繁殖盛期在每年的 9—11 月，为了不影响小龙虾的产卵，尽可能保证受精卵在入冬前孵化出苗，小龙虾繁育池塘清塘时间应选择在每年的 8 月初。先将池水排干，曝晒 1 周，再用生石灰、二氧化氯等全池泼洒消毒，具体用法及用量见表 3-1，从而彻底杀灭小杂鱼、寄生虫等敌害生物。

表 3-1 水产养殖常用消毒剂品种及用法用量

消毒剂名称	用途	用法与用量	休药期	注意事项
氧化钙（生石灰）	用于清塘和改善池塘环境，清除敌害生物及预防部分细菌性疾病	清塘。全池泼洒 50～400 毫克/升	0 天	①清塘 7 天后放苗，放苗前应试水 ②不能与漂白粉、有机氯、重金属盐、有机络合物混用
漂白粉	用于清塘和改善池塘环境及防治细菌性疾病	清塘。全池泼洒 20 毫克/升	≥5 天	①清塘 3 天后放苗，放苗前应试水 ②勿用金属容器盛装 ③勿与酸、铵盐、生石灰混用

（续）

消毒剂名称	用途	用法与用量	休药期	注意事项
聚维酮碘粉	用于养殖水体、器具消毒，防治细菌性和病毒性疾病	全池泼洒，0.75毫克/升（以有效碘计）	500度日	①水体缺氧时禁用②勿用金属容器盛装③勿与强碱类物质及重金属物质混用
蛋氨酸碘溶液	用于水体和虾体表消毒，预防虾病毒性和细菌性病	全池泼洒，0.06～0.1毫升/升。	0天	勿与维生素C等强还原剂同时使用
复合碘溶液	用于防治细菌性和病毒性疾病	全池泼洒，0.0001毫升/升（含活性碘1.8%～2.0%）	0天	
二氧化氯	用于防治细菌性和病毒性疾病	全池泼洒，0.15～0.22毫克/升	0天	①不得使用金属器皿②禁止先将药品放入容器后再加水溶解③现配现用，包装开启后应一次性用完④包装破损后，严禁贮运，防高温潮湿

4. 种草

水草既是小龙虾的主要饵料来源，也是其隐蔽、栖息的重要场所，还可起到保持虾池优越生态环境的重要作用。虾苗繁育池的单位水体的计划育苗量较大，更需要高度重视水草的种植。适宜移植的水草主要有伊乐藻、轮叶黑藻、水花生等，其中以伊乐藻的应用效果最好。一般在干塘消毒药力消失后，进行水草种植，水草面积占虾塘面积的1/2左右，以伊乐藻和轮叶黑藻为主，于每年10月，亲虾放养前栽种完毕。

5. 施肥

小龙虾受精卵孵化出苗后经2次蜕壳即具备小龙虾成虾的外形和生活能力，可以离开母体独立生活。因此，在苗种孵化后，应在小龙虾繁育池内准备好充足的适口饵料。自然界中，小龙虾苗种阶段的适口饵料主要有枝角类、桡足类等浮游动物和水蚯蚓等小型环节动物，以及水生植物的嫩茎叶、有机碎屑等，其中有机碎屑是小龙虾苗种生长阶段的主要食物来源。因此，应该高度重视小龙虾繁育池内的施肥工作。

小龙虾繁育池采用的肥料主要是各种有机肥，其中以规模化畜禽养殖场的饲料下脚料和粪便最好，这类肥料施入水体后，除可以培育大量的浮游动物和水蚯蚓外，里面未被消化吸收的配合饲料，可以直接被小龙虾苗种摄食利用。利用土池繁育小龙虾时，施肥的方法主要有两种，一种是将腐熟的有机肥分散浅埋于水槽根部，促进水草生长的同时培育水质；另一种是将肥料分散堆放于池塘内部四周。肥料的使用量为 300～500 千克/亩。

另外，将陆生饲草、水花生等打成草浆全池泼洒，可以代替部分肥料，更大的作用是可以增加繁育池中有机碎屑的含量，从而提高小龙虾苗种的成活率。

（三）亲虾选择与放养

以直接从天然水域或养殖池塘中通过抄网、虾笼或虾罾等渔具收集的小龙虾作为繁殖用的亲本为宜。对于外购亲虾，必须摸清来源、原生存环境、捕捞方法、离水时间等；运输方法要得当，宜用干法运输，选用 40 厘米×20 厘米×15 厘米的密网箱，箱内铺设水草，每箱装运不超过 5 千克。在运输过程中要注意防止挤压，并一直保持潮湿，避免阳光直射，尽量缩短运输时间，最好是就近购买，一般运输时间不要超过 2 小时。亲虾的体重每尾 30 克以上，体表光泽度好，性腺成熟，规格均匀。

运输到塘边后先在网箱上洒水，连同密网箱一起浸入池中 1～2 分钟，再取出静放 1～2 分钟，如此重复 2～3 次，让亲虾充分吸水，排出鳃中的空气，然后把亲虾放入繁育池。放养时宜多点放养，放养量为每亩 50～75 千克，雌雄虾比例（4～8）：1，其中 7—8 月放养的亲虾有部分尚未交配，需搭配少量雄虾，雌雄比例为（4～5）：1；9 月，雌虾交配比例较高，可以不放或者放些少量雄虾，雌雄比为 8：1。

（四）亲虾强化培育

放养亲虾后，要保持良好的水质环境，定期加注新水，定期更换部分池水，有条件的可以采用微流水的方式，保持水质清新。

由于亲虾的性腺发育对动物性饲料的需求量较大，喂养效果的好坏直接影响到其怀卵量、产苗量，加上小龙虾繁殖季节摄食量明显减少，因此，在亲虾的喂养过程中必须增加动物性、高营养性饲料的投入。饲料品种以新鲜的螺蚌肉、小杂鱼等为主，适当搭配一些玉米、麸皮等植物性饲料。动物性饲料要切碎，植物性饲料要浸泡，然后沿池塘四周撒喂。各个亲虾放养点要适当多喂。颗粒饲料可以只喂小龙虾的成虾料，粒径以 0.8 厘米以上为佳，料在水中的稳定性不少于 2 小时，粗蛋白含量为 28%～30%，同时饲料的诱食性要好。颗粒饲料的投喂量通常为亲虾体重的 1.5%～7%。天气晴好、水草较少时多投，闷热的雷雨天、水质恶化或水体缺氧时少投。

在亲虾培育过程中，除控制水质、增加投喂量外，还必须加强管理。每天坚持巡塘数次，检查摄食、水质、交配、产卵、防逃设施等情况，及时捞出剩余的饵料，修补破损的防逃设施，确定加水或换水时间，及时补充水草及活螺蛳，做好塘口生产的各项记录。

（五）亲虾的冬季管理

在整个越冬期间亲虾基本不摄食，体能消耗很大，因此，越冬前必须增加投喂量，多喂些动物饲料，可以适时投喂小杂鱼虾、螺、蚬、蚌肉，动物内脏等动物性饵料，补充体内营养，增强体质，提高冬季成活率。当水温降至 10℃ 以下，亲虾基本已进入洞穴越冬，很少出洞活动，此时应适当加深水位，保证洞中有水或潮湿，但水深不可超过洞口，要比洞口略低，否则亲虾会出洞重新选择地方打洞。

当亲虾基本入洞后，沿池塘四周水边铺一层薄薄的植物秸秆，如稻草、芦苇、香蒲等，一是为了保暖，二是为了在亲虾越冬前产下的仔虾提供隐蔽、越冬的场所。当水加满后，要施放肥料，保持水体一定的肥度。一般每亩施放腐熟有机肥 100 千克左右，堆于池塘四角或四周的水中。

冬季水质由于受天气的影响极易变清，根据实际情况，必要时需追施肥料，保证透明度在 30 厘米左右，其原因为水肥不易结冰，且水中的浮游生物会增多，尤其到春天，浮游生物会很快大量繁殖，仔虾一出洞就极易得到营养丰富、大小适口的天然饵料，能提高仔虾的成活率。但水质过肥，需要适时换水，保持水体溶解氧在 4 毫克/升以上，防止小龙虾缺氧窒息死亡。越冬期间天气晴好、气温回升时，中午时分要在开放式洞口附近适当投喂一定量的饵料，供出洞活动的小龙虾摄食，这对提高越冬虾的成活率十分必要。另外，坚持每日多次巡池，观察亲虾的活动情况，在寒冷天气要及时破冰，同时要做好各项记录工作，尤其是死亡情况，对虾的数量、雌雄比例、大小和重量等必须统计清楚，有利于以后的喂养及对苗种量的估算。

（六）亲虾的春季管理

在春季，当水温 18℃ 以上时，亲虾会陆续出洞，出洞的雌虾大部分是抱卵虾，也有早期抱卵、孵化后的仔虾相继离开母体独立生活，此时所有的仔虾活动能力均较弱，如果不能及时得到充足、适口、营养丰富的饵料，就会影响到仔虾的蜕壳，甚至会因营养不足而导致大批死亡，因此，此时的管理工作在土池育苗中尤为重要。

当发现亲虾出洞后（洞口有新鲜泥土表示亲虾已经开始出洞），必须适当补充一些新鲜水或更换一部分池水，加水量或换水量控制在 10 厘米左右，有条件的最好保持微流水，确保水体中的溶解氧能满足仔虾正常生长的需要。

为了保证仔虾离开母体后能及时得到充足、适口、营养丰富的天然饵料，必须适当进行追肥.每亩追施腐熟有机肥 100 千克左右，采用全池泼洒的方法，培养营养丰富的浮游生物等天然饵料，供仔虾利用。由于仔虾会陆续离开母体独立生活，且数量越来越多，天然饵料无论从数量上还是营养方面都远远不能满足仔虾生长的需求，为了保证大批量仔虾生长营养的需求，此时必须投入营养价值较高的动物性人工饵料，如鱼糜，沿池四周进行泼洒喂养，每天 2 次，日投喂量按每万尾虾 100 克鱼糜计。此时亲虾仍在池中，为了防止争食，在投喂鱼糜前必须先投喂一定量的亲虾料，可以是颗粒料、麦子、玉米、切碎的鱼块等。亲虾料日投喂量占亲虾总重量的 3%～4%，让亲虾先行吃饱，减轻亲虾与仔虾争食的程度。

在加强水质管理、培养天然饵料、增加人工饵料投喂量的同时，为了防止亲虾与仔虾争夺饵料和地盘、亲虾吞食仔虾的现象发生，应把雄亲虾、没有抱仔的雌亲虾及早期离开母体且已长成规格较大的幼虾捕捞出来，为仔虾生长营造一个良好的环境。具体方法是采取定置地笼捕捞，选择网眼相对较大、不卡幼虾的地笼对亲虾进行捕捞。捕捞出的亲虾若有抱卵或抱仔的，应立即放入原池中继续饲养，其他的可以直接上市，也可放入暂养池中强化培育，让其恢复后作为亲虾再次使用或上市；捕捞出的大规格幼虾可以直接放入成虾池中进行养成，也可以出售，不宜放回原池。在捕捞亲虾及大规格幼虾的过程中，收起地笼后一定要先挑出抱仔虾和抱卵虾，避免其受伤。若感到仔虾的密度过大，可以适当加入一定量的密眼地笼，捕出部分仔虾单独进行培育或出售。

（七）幼虾培育

土池苗种繁育池中亲虾产卵、孵化不是同步的，因此会造成幼虾发育不同步，个体之间的规格也有一定的差别，给幼虾的培育带来了一定的困难，为了提高幼虾培育的成活率，应对幼虾进行单独培育，进一步提高培育效果。

1. 幼虾池的选择与前期准备

幼虾池应选择靠近水源、水量充足、水质好、土质为黏性的地方，新建池必须有完善的进排水系统，水深 1 米以上；池中开挖必要的沟渠，有利于后期幼虾的捕捞；虾池形状为长方形，东西走向，面积 1～4 亩为宜，池埂的坡比要大，达到 1∶（3.0～3.5）。

选好幼虾池后，修建必要的防逃设施，在进排水口应安装过滤防逃装置，过滤网 60～80 目。仔虾放养前 10 天，每亩必须用 100 千克左右的生石灰加水化开后进行全池泼洒消毒、清野、灭菌，移植或种植必要的水生植物，水生植物的面积占总水面的 2/3 左右。春天放苗时由于水中植物还未能茂盛生长，必须加入人工隐蔽物。人工隐蔽物一般采用价格便宜、易获得、效果好的材料，通常采用稻草、芦苇秆等，铺设的面积不超过幼虾池总面积的 2/3，厚度不宜过大，厚度过大极易造成水质快速变化，反而影响仔虾的生长。

采用土池培育幼虾的池塘，在仔虾放养前必须先施基肥，培养浮游生物，通常初次进水的深度为 50 厘米左右，每亩施腐熟有机肥 200 千克左右，做到肥水下池，有利于提高仔虾的成活率。

2. 虾苗的放养

虾苗的放养宜选择在晴天的早晨。由于虾苗相对比较稚嫩，要避免阳光直射，在运输放养过程中动作要轻、快，保持虾体潮湿。一般每亩放养 1 厘米以上的虾苗 10 万～15 万尾，育苗经验丰富、养殖水平较高的，每亩可放 20 万尾左右。

同一培育池要求放养的仔虾规格整齐，防止互相残杀，而且应一次性放足，放养时要分散、多点放养，不可堆积，各放养点均要做好标记，为今后的喂养管理及捕捞提供便利。放养时计数尽量准确，为今后的科学管理提供依据。

3. 虾苗的喂养

由于土池育苗采取的是肥水下池，水体中浮游动物的数量较多，因此初期虾苗可以利用水体中的轮虫、枝角类、桡足类等浮游动物及底栖软体动物作为饵料，可以相对少喂人工饵料。随着虾苗逐步生长，要及时增加人工饵料的投喂量，前期可以泼洒豆浆和鱼糜，每亩每天投喂 2 千克左右的干黄豆打成的豆浆，另外投喂鱼糜 500 克左右，用水搅匀成浆沿池边泼洒，每天投喂两次，上午投喂总量的 30%，傍晚投喂总量的 70%；1 周后，可直接投喂绞碎的螺蚌肉、鱼肉、动物的内脏等，并适当搭配一些粉碎后的植物性饲料，如小麦、玉米、豆饼等。

4. 日常管理

坚持每日多次巡池，检查虾苗的蜕壳、生长、摄食、活动状况，及时调整日投饲量，清除多余的饵料。随着气温的升高，小龙虾摄食水草量会越来越多，要及时向幼虾池中移植或投入必要的水草植物，它既可以为幼虾提供隐蔽的场所，有利于蜕壳，防止互相残杀，又可以提供一些嫩芽供幼虾食用，提高幼虾的抵抗力。

日常管理中最主要的应是对水质的管理。小龙虾为杂食性虾，尤其喜食动物性饲料，虽然其适应环境的能力很强，但在高密度、长期大量投喂动物性饲料的情况下，水质难免会恶化，因此必须加强对水质的管理，定期加水或换水，一般 7 天左右加水或换水 1 次，每次加水深 15 厘米左右，在特殊情况下要及时加水或换水，使得水体中的溶解氧保持在 5 毫克/升以上，pH 为 7.0～8.5，透明度控制在30～40 厘米，必要时要泼洒生石灰水，进行水质调节，缩短仔虾的蜕壳周期，增加蜕壳的次数。

二、小龙虾室内工厂化育苗技术

由于小龙虾具有抱卵及孵化不同步等生物学特性，导致了小龙虾土池育苗存在培育规格不整齐、受自然因素影响较大和规模受限等问题，很大程度上限制了小龙虾产业的发展，而小龙虾室内工厂化育苗技术通过同步诱导、分期孵化、高密度育苗等措施解决了这些问题，虽然该技术尚未成熟，但该技术是今后小龙虾育苗技术发展的重要方向。

（一）育苗设施

工厂化育苗设施主要有室内亲本培育池、孵化池、育苗池、供水系统、供气系统、供暖系统及应急供电设备等（彩图 23）。繁殖池、育苗池的面积一般为 12～20 米^2，池深 1 米左右。繁殖池及育苗池的建设规模，应根据本单位生产规模及周边地区虾苗市场需求量而定。

（二）育苗前期准备

小龙虾的室内人工育苗一般于每年的 9 月开始，在这之前要进行育苗温室的消毒和育苗用水的准备等工作。育苗温室的消毒主要包括生石灰浸泡消毒和漂白粉泼洒消毒两步。生石灰浸泡消毒是指利用生石灰对育苗温室内的水泥池进行浸泡消毒。其具体方法是将水泥池进满水，然后将生石灰化浆后均匀泼洒至水泥池，用量为 0.3～0.5 千克/米³，浸泡消毒时间至少 1 周。生石灰浸泡消毒后，排干池水，并将池中剩余的生石灰粉末冲刷干净。完成清洗工作后，开始进行漂白粉泼洒消毒，其具体方法是将漂白粉配制成高浓度的溶液，然后在整个育苗的水泥池、地面以及排水区域进行均匀泼洒，然后将温室密闭，利用漂白粉的易挥发特性，对温室进行整体消毒，1 周后方可打开温室，注入育苗用水，开始其他后续工作。

工厂化育苗过程中所使用的水非常关键，这也就要求在育苗开始前就要做好育苗用水的准备工作。为了节约工厂化育苗的成本，育苗用水采用消毒处理后的池塘水。温室用水的消毒处理工作可在温室消毒工作之前或与之同时进行，具体方法是用生石灰化浆后全池泼洒，生石灰的用量为 50 千克/亩，待水的 pH 降至 7.0～8.5 后方可使用，进入温室蓄水池时再用 80 目筛绢网过滤 1 次，待池水澄清后即可注入亲虾养殖池或育苗池。

（三）亲虾挑选、配组和强化培育

亲虾的选择标准、捕捞和运输方法与本章第一节中土池苗种规模化繁育技术中叙述的方法相同。获得亲虾后，将亲虾按照雌雄比 5∶1，密度为 60～100 尾/米² 放养至水泥池。在水泥池底按亲虾放养数量设置一定比例的弧形瓦片巢穴（彩图 24），既可作为亲虾栖息的场所，又可防止虾与虾之间互相残杀。开始放养时保持水泥池水深为 20～30 厘米，水温为 23～24℃，并保证不间断均匀充气。

待小龙虾适应 1 天后，开始对其进行消毒处理，消毒方法为高锰酸钾药浴，浓度为 2 毫克/升，药浴时间为 30 分钟。药浴后，进水至水深为 50 厘米，即可进行亲虾强化培育。

亲虾的强化培育，主要以带鱼、黄豆、沼虾配合料及大麦等多种饲料交替投喂进行。饵料的投喂早晚各 1 次，08：30 投喂一次，投喂量约占日投饲量的 30%；17：00 投喂 1 次，投喂量约为日投饲量的 70%，第 2 天早上采用虹吸法将剩余的饵料吸出。亲虾强化培育开始后，每天注意观察池中小龙虾的交配和产卵情况，亲虾强化培育时间为 30 天左右。

（四）抱卵亲虾的挑选及人工孵化

亲虾培育约 30 天后，池中即出现大量的抱卵虾。抱卵亲虾挑选的方法是先将亲虾池中的水排干，然后人工挑选抱卵虾。为保证幼虾孵出的同步性，根据卵的颜色，将抱卵亲虾划分为棕、黄、黑 3 个不同类型，并将 3 种抱卵虾分别放入不同的网箱，网箱规格为 60 厘米×60 厘米×20 厘米，网目为 1.5 厘米，然后将网箱放置于不同的水泥池中，水泥池的面积为 12 米^2，每个网箱放抱卵种虾 30～50 尾，每个水泥池放 18～20 个网箱。网箱漂浮于水面之上，主要起到隔离的作用，即孵出后的幼虾离开母体后，可通过网目落入水泥池中，从而可以避免亲虾吃小虾的现象（彩图 25）。抱卵虾的挑选每隔 15～20 天进行 1 次，整个繁殖期间可进行 4～5 次。

孵化期间，孵化池水位保持在 60 厘米左右，水温 28℃左右，不间断充气。为了保证抱卵虾的营养，孵化期间，每天向网箱内投喂 1 次带鱼块作为饵料，每个网箱投喂量的多少根据虾的吃食情况进行增加或减少。一般经过 20～30 天，可以在池底看到幼虾，根据目测池中的幼虾密度情况，一般约 2 000 尾/米^{2}时，将余下的种虾移至另一个水泥池中进行孵化，水泥池的各项指标与之前所述的相同。需要在移走种虾后的水泥池中放置一定数量的网片，使其悬立在水体中，主要用作虾苗的隐蔽和栖息场所，同时也可减少幼虾间的互相残杀。

（五）幼虾培育

幼虾从母虾上脱离后，开始进入幼虾培育阶段（彩图26）。此阶段水泥池水位应控制在60厘米左右，水温28℃左右，培育前5天主要投喂罗氏沼虾或南美白对虾的粉状料，后5天主要投喂罗氏沼虾或南美白对虾0号料及绞碎的大卤虫等。经过10天左右的培育，虾苗即可长至1.5厘米左右，平均成活率可达80%以上。

（六）分养

利用工厂化设施开展小龙虾苗种繁育工作一般在秋冬季进行，苗种出池时，幼虾培育池和外放池塘环境差异较大，尤其是温度。能否将小龙虾苗种顺利分养成功，是决定工厂化苗种生产成败的关键。为此，要做好三项工作：一是对幼虾培育池进行降温处理，当幼虾培育池水温超过外放土池水温3℃以上时，应该通过通风降温和常温水掺兑，使培育池逐步降温，降温速度要缓慢，一般一昼夜降温2℃以内，当培育池温度与外塘温度相同时，再开始排干池水，收集苗种，移至土池进行分养；二是营造优越的分养池环境，计划分养的小龙虾池塘应提前做好准备，彻底清塘、施用基肥、移栽水槽，营造优越的生态环境；三是做好日常管理，幼虾分养后的管理方法跟土池育苗中幼虾管理方法相似，在此不再重复。

三、小龙虾稻田生态繁育技术

（一）稻田准备

选择当年开展过小龙虾稻田综合种养的稻田或按照稻田养殖小龙虾的常规标准准备苗种繁育的稻田。7月底到8月初，环沟进水至水深30～50厘米，进水时用80目筛绢网过滤。进水后，将浸泡24小时的茶粕按20～25千克/亩均匀泼洒至环沟中，清除稻田中的杂鱼、泥鳅等敌害生物。清野后 2～3 天，稻田中每隔 7～10 米移栽一束消毒过的轮叶黑藻，每亩环沟和稻田需要轮叶黑藻 5～10 千克，使得水草占稻田面积的 60%～70%。然后逐渐加深水位，淹没稻茬。育苗中、后期，可施适量的氨基酸类生物肥，培育天然生物饵料，保持水草正常生长。

（二）亲虾放养

选择当年养成的规格为 30～50 克/尾的小龙虾作为亲本，亲虾需就近购买，防止长途运输脱水死亡，运输时间不应超过 2 小时。

首次利用稻田养殖小龙虾应于 7 月底到 8 月初采购亲本放养，亲虾放养量为 30～40 千克/亩，雌雄比例为（1～2）：1。首次留种育苗的稻田应自留亲虾 30～40 千克/亩，操作方法是在 5 月中下旬，在环沟中放 3 米长的地笼，密度为 30 条/亩。当每条地笼的商品虾捕捞量低于 0.4 千克时，停止捕捞，剩下的小龙虾用于培养亲虾。自留种虾进行育苗，为防止近亲交配导致种质退化，每年应适当就近外购一些亲缘关系较远的优质种虾补充，也可将不同稻田中的小龙虾进行交换。

放养后第 2 天，注意观察投放处是否有死虾，如有死虾，及时取出死虾并做好记录。

（三）亲虾培育

亲虾培育的饵料可选择鱼肉、河蚌肉、黄豆、玉米、小麦等，投饵量为小龙虾体重的 2%～3%，每天每亩投喂 1～1.5 千克。若用颗粒饲料，选用粗蛋白含量在 30% 以上的成虾饲料，日投饲率 1%～2%，每天每亩投喂 0.5～1.0 千克。每天傍晚沿环沟斜坡均匀投喂 1 次。10 月上旬，逐渐将稻田水位降至环沟内，诱导小龙虾在田埂附近掘洞繁殖。同时，注意检查小龙虾性腺发育情况（彩图 27，彩图 28）。

（四）苗种培育

1. 天然饵料培育

10月下旬至次年1月，不断加深水位，根据水质情况每亩施用腐熟的有机肥150～200千克。2～3月，根据稻田的肥度，每亩可追施2～3千克的氮磷钾复合肥，保持水体肥度，控制好透明度（30～40厘米），以培育丰富的天然饵料生物供虾苗摄食，提高虾苗成活率。

2. 饲料投喂

当水温在10℃以上时，若傍晚发现苗种在岸边活动，每亩可沿环沟周边均匀泼洒粉状饲料或豆粉0.5千克，以后逐渐增加至1.5千克/亩。

第二节 小龙虾绿色高效养殖模式

"小龙虾只适合在脏水养殖"的谣言在网络广泛传播，大概是因为多数人对小龙虾的养殖环境不了解导致的，虽然小龙虾耐受性较强，能够在脏水或较差的环境中生存，但若要想小龙虾养殖取得高产，获得好的品质，必须要有好的水质、生态环境和充足的饵料，目前小龙虾的主要养殖模式有稻田生态养殖、池塘生态主养、虾蟹混养、水生经济植物池生态养殖等，无一不对水质有着很高的要求，着力为小龙虾的生长营造良好的生存环境，也切实符合当前正在推广的绿色水产养殖发展理念，当前这些养殖技术已经形成了较为成熟的技术体系。

一、稻田综合种养

稻田综合种养是水产养殖与农业系统相结合的重要方式之一，

是运用生态学原理和系统的科学方法，把现代农业科技与传统渔业工艺和生态渔业适用技术相结合而建立起来的生态合理、功能协调、资源再生、良性循环的一种综合种养体系，它把经济、社会、生态三者效益有机地统一了起来（彩图29、彩图30）。稻田综合种养以稳粮为前提，通过种养结合、生态循环改善稻田生境，促进有机生态农业产业的发展，具有稳粮、促渔、增效、提质等多方面功能，对农业整体提质增效明显，蕴含巨大的产业发展潜力。小龙虾稻田综合种养有轮作模式、间作模式和共作模式，以稻虾共作加轮作模式为主。

（一）稻田综合种养流程

稻田选择与工程改造→稻田消毒→种植水稻→移栽水草→投放螺蛳→虾苗放养→日常管理→成虾捕捞→包装运输。流程中每一步都很关键，一环扣一环，任何一步没有做到位，都会导致养殖失败或产品品质降低。

（二）稻田选择与工程设施改造

1. 稻田选择

养虾稻田应是无污染、生态环境良好、保水性好，底质为自然结构、黏壤土的稻田。养殖稻田选址要求交通便利，水源方便且水质达标，田间配套设施齐全，便于养殖管理。稻田以南北走向为宜，四周遮蔽物要少，以免影响稻田通风和采光。稻田应连片，便于管理。

2. 稻田工程改造

稻田田埂内侧四周开挖环沟，形成"回"字形，面积较大的稻田应开挖"田"字形或"川"字形或"井"字形的田间沟，但面积应控制在稻田面积的10%以内，环沟距田埂约1.5米，上口宽2～2.5米，下口宽0.7～1米（图3-1）。虾沟的位置、形状、数量、大小应根据稻田的自然地形和稻田面积的大小来确定。通常面积比较小的稻田，在田头四周开挖一条虾沟即可，面积比较大的稻田，可每间隔 50 米左右在稻田中央多挖几条虾沟。总体来说，田边的虾沟较宽，田中的可以窄些。另外，需对田埂加高加固，田埂应高于田面 0.8～1 米，顶部宽 2～3 米，可加宽田埂基部，并打紧夯实，做到不裂、不漏、不垮，以便龙虾打洞。如果有条件，可以在防逃网的内侧种植一些蔬菜类经济作物，既可为周边沟遮阳，又可利用其根系达到护坡的作用（彩图 31、彩图 32、彩图 33、彩图 34）。

四周环沟，中间平台的结构

图 3-1　稻田环沟示意
（引自唐建清，《淡水小龙虾高效生态养殖新技术》）

3. 防逃设施

由于小龙虾逃逸能力比较强，因此防逃设施必不可少。最经济节约的防逃设施是采用麻布网片或者尼龙网片或者有机纱窗和硬质塑料膜制作。沿池埂将木桩打入土中 50～60 厘米，木桩间距 3 米，且木桩之间按照地形走势排列，一般呈直线排列，在拐角处呈圆弧状排列。将网的上纲固定在木桩上，使网高不低于 40 厘米。小龙虾喜欢戏水，因此要在进出水口放置铁丝网或双层密网防逃，也可以用栅栏围住，既可在进水或下大雨时防止逃跑，又可以有效防止蛙、野杂鱼的卵及幼体进入稻田危害小龙虾蜕壳。另外，为了防止夏天雨季堤埂被雨水冲毁，应该在稻田中设置一个溢水口，也要在溢水口放置双层密网，防止小龙虾逃跑。

4. 防鸟设施

田间设置穿衣假人，塘埂四角分别用混凝土固定 1 个水泥桩，水泥桩之间用铁丝连接，在铁丝上每隔 20 厘米用驱鸟彩带缠绕，四周用聚乙烯网片扎牢，防止鸟类及其他敌害侵袭（彩图 35）。

（三）稻田消毒

清除野杂鱼，充分曝晒 7～10 天，使塘底泥呈龟裂状。选用块状的生石灰清塘，按环沟面积每亩用量 75～100 千克，将块状生石灰化浆趁热全池（包括塘埂斜坡）泼洒，不留死角，7～10 天毒性消失；或者加水至水深 1 米，使用漂白粉清塘，每亩用量 10～15 千克，漂白粉化水后全池泼洒，5～6 天毒性消失。

（四）种植水稻

由于各地自然条件不一，小龙虾稻田养殖的水稻品种不同，通常选择抗病、抗倒伏、耐淹、耐肥的紧穗型，目前用的水稻有丰两优系列、新两优系列、两优培九、汕优系列、协优系列，华南地区可种植高秆稻。种稻要施足基肥，每亩施农家肥 200～300 千克、尿素 10～15 千克，均匀撒在田面并用机器翻耕耙匀。秧苗移植时要注意时间，一般为 5 月，华南地区稍早，长江流域一般为 5 月中旬。栽种时要以宽行窄距呈长方形东西向密植，保证稻田通风通气及光线充足，一般早稻常规稻间距为 23 厘米（行距）×8.5 厘米（株距）或 23 厘米（行距）×10 厘米（株距），晚稻常规稻以 20 厘米（行距）×14 厘米（株距）为最佳。水稻栽插密度应根据水稻品种、苗情、地力、茬口等具体条件而定。虾沟要占一定的栽插面积，为保证基本苗数，可采用行距不变，以适当缩小株距、增加穴位的方法来解决。可在虾沟靠外侧的田埂四周增穴、增株，栽插成篱笆状。移植时可采用抛秧法，同时充分发挥宽行稀植和边坡优势（彩图 36）。

（五）移栽水草

"虾多少，看水草"，水草是小龙虾隐蔽、栖息、蜕壳生长的理想场所。稻田养殖小龙虾可优选种植伊乐藻、轮叶黑藻等沉水植物。一般冬春季在田间、虾沟内种植伊乐藻，夏季种稻期间在虾沟种植轮叶黑藻，也可在浅水区域种植水花生等植物。

栽培前 5～7 天，进水口用 60 目筛绢网进行过滤，注水至水深30 厘米左右，当水温 8℃ 以上时开始种植伊乐藻或轮叶黑藻，移栽前用氟乐灵杀灭青苔，用茶皂素杀灭水草上的鱼卵。种植时，环沟上水 10 厘米，把伊乐藻或轮叶黑藻剪成 10～15 厘米一根，一株15 根左右，保持株距 1～1.5 米，行距 2～2.5 米，水草种植面积为环形沟面积的 40%～50%。切忌使用伊乐藻或轮叶黑藻的种子种植。

(六) 投放螺蛳

螺蛳不仅是小龙虾很重要的动物性饵料，还能净化底质，在放养虾苗前必须放好螺蛳。虾沟部分螺蛳放养数量一般每亩 200～300 千克，其他稻田部分每亩 100 千克，以后根据小龙虾数量逐步添加。

(七) 虾苗放养

(1) 一般放养模式　虾种放养一般有 3 种模式，即亲虾放养、抱卵虾放养、幼虾放养。第一种亲虾放养模式是在中稻收割前 1～2 个月 (7—8 月) 或中稻收割后 (9—10 月)，于稻田环沟中放养亲虾每亩 30～40 千克，放养后亲虾以稻田中的有机碎屑、底栖生物、浮游生物、水生昆虫、稻茬新芽和水草为食，待水稻收割后再采取秸秆还田并施有机粪肥的方法，以培育饵料生物。该养殖模式一般不需要投喂人工饲料，但是由于小龙虾的繁殖周期较长，虾苗育成后还需经过 3～4 个月的越冬期，虾苗生长期较短，因此养成的商品虾规格较小，产量也不高。第二种是抱卵虾放养模式，即在水稻收割前 1～2 个月投放抱卵虾每亩 20 千克，或 9—10 月中稻收割后投放抱卵虾进行孵幼和养殖。抱卵虾放养前，应在稻田中设置一些人工虾巢供抱卵虾越冬用。放养抱卵虾可缩短幼体孵化期，增加虾苗生长期，养成的商品虾规格相对整齐，其效果优于亲虾放养模式。第三种是幼虾放养模式，即在每年 4—5 月放养幼虾，幼虾放养前先在稻田中设置人工虾巢，并施肥培育饵料生物供虾苗食用，一般每亩放养 2 万尾左右，若管理得当，该模式的养殖效果较为理想（彩图 37、彩图 38）。

（2）多轮放养模式 在水稻收割前 1～2 个月（7—8 月）在四周沟内投放 35 克/尾以上的亲虾每亩 20 千克，雌雄比约 2∶1，此时亲虾放养后以稻田中有机碎屑、水生动物、稻茬新芽、水草等为食，不需另外投喂。到 9—10 月水稻收割后，再投放 1 厘米的虾苗每亩 1.5 万尾，除施肥培育天然饵料外，还需适当配以人工饲料或廉价的植物性、动物性饵料，以提高养成规格和产量。第二年 3—4 月再补充投放 3～4 厘米的幼虾每亩 30 千克。养殖期间应适时捕大留小，由于小龙虾生长速度不一，适时捕捞可减少互残且能降低密度，便于后期补放虾苗。多轮放养模式可以充分挖掘生产潜力，最大限度地发挥养殖效益，一般在管理得当的情况下，第二年可收获成虾约每亩 150 千克，水稻 400 千克，平均效益每亩 2 000 元以上。

（八）日常管理

1. 饵料投喂

稻田养殖小龙虾，其饵料投喂遵循"四定原则"，即"定时、定点、定量、定质"。一般随稻田温度的下降而加深水位，春节前后水位始终保持在 50 厘米左右，少数稻田能够加深到 70 厘米。应适量投喂动物性饲料，特别是添加了抗病毒的中药或免疫促进剂的饲料，每日投喂量为小龙虾总重的 2%～5%。少量投喂黄豆、玉米、麦子等，投喂量一般为每亩 3.8 千克，"三伏天"时减少投喂甚至不投喂。

2. 水位控制

3 月底，稻田水位控制在高出种植面 30 厘米左右。4 月中旬以后，稻田水位应逐渐加深，高出种植面 50～60 厘米。

3. 病害防治

稻田种养过程中调节好水质能有效做到病害防治。从 4 月中旬起，分 4 次用复合芽孢杆菌兑水泼洒，每亩用量 250 克，每 20 天左右泼洒 1 次。平时田间操作要细心，避免虾体损伤；饲料要投足，防止互相争斗；定期施药，防治病害。一旦发病后应立即对症治疗，如发生甲壳溃烂病等细菌性疾病，可每亩用 10～15 千克生石灰兑水全池泼洒。

4. 严防敌害

放养前可用生石灰清除敌害生物，尤其是蛙、水蛇、黄鳝、水老鼠及水鸟等敌害。生石灰用量为每亩 75 千克，进水时用 80 目纱网过滤。平时要加强日常管理，坚持日夜巡视，发现安全隐患及时排除，为小龙虾的健康生长创造一个良好的外部环境。

（九）成虾捕捞

第一批捕捞时间从 4 月上旬开始，到 6 月下旬结束。第二批捕捞时间从 8 月上旬开始，到 9 月底结束。注意，在 6 月底第一批成虾捕捞完后，稻田内留下的虾苗应达到 9 月无须补放亲虾苗的数量。经过一个多月的生长，在 8 月开始捕捞直到 9 月底。这一时期的捕捞原则是先捕大留小，后捕小留大。到 9 月以后，将达到 30 克的亲虾留在塘内不予捕捞，这样亲虾就会进洞抱卵繁殖，第二年就不再需要购买虾苗。捕捞工具主要是地笼。地笼网目应为 2.5～3.0 厘米，保证成虾被捕捞，幼虾能通过网眼跑掉。将地笼布放于稻田及虾沟内，每天早上捕捞 1 次。每隔 3～10 天转换地笼布放位置，当捕获量比开捕时有明显减少时，可排出稻田中的积水，将地笼集中于虾沟中捕捞。捕捞时遵循捕大留小的原则，并避免因挤压伤到幼虾。

二、池塘生态主养

（一）池塘工程设施

养殖池塘面积以 5～10 亩为宜，形状以长条形为佳，具有良好的进水与排水条件，水质良好，水源充足。将小型池塘开挖成池深为 1.5～2.0 米的规整池塘，四周建成平台（浅水区），台面高为

30～40 厘米，水深为 0.7～1.2 米；中间开挖成 6～8 米的水沟（深水区），沟深为 1.0～1.5 米，沟坡比为 1：（2.5～3.0），水深为 2.0～2.5 米。面积较大的池塘应根据实际大小和形状制定改造方案。长条形的池塘坡度长，可增加小龙虾爬行坡面面积，为小龙虾提供一个更适宜的生长和繁殖环境。为利于小龙虾打洞穴居，应当把适当的泥坝设置在池塘中部位置，泥坝宽度不低于 1 米，池塘水深控制在 0.8～1.5 米，但要避免让池埂和泥坝相连接。池塘靠池埂附近应当设计浅滩，保证中部水深、四周水浅（彩图 39）。

池埂附近需要安装防逃板或防逃墙（保持内壁光滑，设置高度一般为 0.5 米），池埂宽度应超过 1.5 米，同时保证具有一定坡度，避免池塘中的小龙虾掘洞外逃（彩图 40）。

（二）池塘消毒

养殖周期结束后排干池水，铲除并焚烧池边杂草，以杀灭草种和虫卵。挖除池底过多淤泥，保留淤泥 10～20 厘米。之后晒塘 20～30 天，使池底呈龟裂状，增加透气性，加速底泥有机质的氧化，减少有害有毒物的积累和养殖病害的发生。酸性底质池塘使用生石灰干法灭菌杀野、碱性底质池塘使用 30% 的漂白粉干法灭菌杀野，用量分别为每亩 75 千克和每亩 13 千克，要求全池泼洒，到边到沿到底，不留死角，以消灭病原菌、寄生虫（卵）和杀除野杂鱼等敌害生物（彩图 41）。野杂鱼较多的池塘使用茶粕带水灭菌杀野（茶粕对野杂鱼的毒性较大，对虾苗较安全），用量为每亩 35～45 千克。使用方法是先将茶粕用水浸泡，同时加入 2% 的食盐和 0.1% 的碳酸钠，2 天后取浸出液加水稀释后全池泼洒。灭菌杀野后需过水（进水、排水）1～2 次，以减少残留药物和毒素，提高放养成活率。

（三）水草栽种

水草栽种具有很多优点，能调节水体环境，净化水质，防止水体富营养化；可进行光合作用生产氧气，增加水体中的溶解氧量；小龙虾喜食水草，可补充饵料不足；可招引昆虫及小杂鱼，为小龙虾提供天然动物饵料源；可为小龙虾蜕壳和交配提供隐蔽场所，减少互相残杀现象的发生；夏季小龙虾可借助水草遮阴降温；冬季水草可供保暖，成为天然"虾巢"，有利于小龙虾产量和品质的提高。在小龙虾养殖池中栽种的水草以沉水和漂浮植物为主，以挺水植物为辅。沉水植物的主要品种有伊乐藻、轮叶黑藻、苦草、菹草、马来眼子菜、金鱼藻等，漂浮植物主要品种有水葫芦、水花生、水浮莲、浮萍等，挺水植物的主要品种有芦苇、茭白、慈姑、香蒲等。一般选择栽种复合型水草，即在浅坡处栽种伊乐藻搭配轮叶黑藻，深水处栽种苦草适当搭配水花生。池中水草的覆盖率应达 $50\% \sim 60\%$。水草过多时应人工割除，不足时则补充水浮莲、浮萍。

（四）施肥培藻

小龙虾养殖池塘需要采取施肥来培育有益藻类，通过藻类的生长繁殖来维持水体溶解氧含量和控制水体富营养化程度，保持池水水质的"肥、活、嫩、爽、稳"。一般于放苗前 $7 \sim 10$ 天向池内投施生物肥水王（主要成分：海洋生物提取液、复合因子、多糖及藻类促进因子），用量为每亩 $0.8 \sim 1.0$ 千克，以有效促进单胞藻的生长繁殖，定向培育优质藻类（硅藻和绿藻），使之迅速繁殖为优势种群。以后每隔 $10 \sim 15$ 天追施 1 次富藻素（主要成分：有机质、益生素、多糖、氨基酸及氮、磷、钙、锰、铁等微量元素），用量为每亩 1 千克左右，以增加水体中藻类、枝角类、轮虫等基础饵料生物的密度，促进小龙虾健康生长。

（五）投放调水鱼类

小龙虾养殖池内还可以通过投放适量的鲢、鳙或细鳞斜颌鲴来调节水质。利用鲢摄食浮游植物和鳙摄食浮游动物的特性，有效控制池水肥度，改良水质。鲢、鳙的投放规格为 $100 \sim 200$ 克/尾，投放量为每亩 50～80 尾。利用细鳞斜颌鲴摄食池中的固着藻类、植物碎屑、腐渣腐泥等特性，改良水质和改善底质，营造良好的养殖环境。细鳞斜颌鲴的放养规格为 7～8 厘米，放养密度为每亩 100 尾左右。

（六）苗种放养

小龙虾苗种放养至关重要，放养成功就等于整个养殖成功了一半。池塘养殖小龙虾的苗种放养方式主要有 2 种。

1. 春季放养虾苗

春季（2—3 月）放养健康优质苗种进行养殖。一般虾苗的放养规格为 3 厘米左右，密度为每亩 15 000～20 000 尾。虾苗通常是一次放足，但也可以选择分期投放虾苗，每期放苗间隔时间为 15～20 天。养殖过程中实行轮捕与轮放。即不断起捕 30 克以上的大虾上市销售，将规格较小的虾留在池内继续养殖并及时补放虾苗，以获得更高的养殖产量。

2. 秋季放养种虾

秋季（8—10 月）放养体质健壮、个大肉实、雌雄来自不同水域（避免近亲交配）、规格为 30～40 克/尾的种虾（亲虾）进行自繁自养。自繁种虾无须装车运输，放养成活率较高。8—9 月放养种虾的雌雄比例可按（2～3）∶1 进行配比，投放量为每亩 40～50 千克。10 月可放养抱卵虾，放养量为每亩 30～35 千克。种虾放养前，打开水上防逃网，在池塘常年水位线以下 20～30 厘米处，用直径 3～4 厘米的木棍向下呈倾斜 45° 打造人工洞穴，深度为 30 厘米左右，密度为 5～8 个/米^2。洞穴打好后，再将种虾放入池内，经过 1～2 个月的精心培育，池中可见到育成虾苗，若密度过高可进行分池养殖。第二年 4—5 月用虾笼或地笼将种虾捕出销售，留下虾苗继续进行成虾养殖。

上述虾苗、种虾放养前需用 3‰～5‰ 的食盐水溶液浸泡消毒 10～15 分钟，以杀灭体表病原菌及寄生虫。

（七）日常管理

1. 投喂管理

水温 10℃ 以上时小龙虾即可摄食。2—3 月为仔虾和幼虾生长阶段，小龙虾主要摄食池中的腐殖质、有机碎屑、着生藻类、浮游动物、水生昆虫幼体等天然饵料，此外应辅喂部分蛋白含量为 40% 以上的配合饲料。每天傍晚投喂配合饲料 1 次，投喂量为池虾总体质量的 2% 左右。4 月为小龙虾的快速生长期，以投喂配合饲料为主，投喂配合饲料的蛋白含量为 36%～38%，日投喂 2 次，分别于 08：00 和 17：00 各投喂 1 次，投喂量为池虾总体质量的 3%～4%。另外，每天日落后可辅喂部分鱼、螺、蚬、蚌肉等动物性饵料，投喂量为池虾总重量的 6% 左右。5—6 月为虾的养成期，为提高规格，增加产量，仍以投喂配合饲料为主，投喂配合饲料的蛋白含量为 35% 左右，日投喂 3 次，分别于 07：00、14：00 和 17：30 各投喂 1 次，投喂量为池虾总重量的 5%～6%。另外，每天傍晚日落后可辅喂部分鱼、螺、蚬、蚌肉等动物性饵料，日投料量为池虾总重量的 8% 左右。7—8 月天气炎热，水温较高，可采用配合饲料、杂鱼、豆饼和玉米等轮流投喂，以提高小龙虾的消化酶活性，促进生长。一般采用 3～4 种饵料 4～5 天一轮回的投喂方式，即前 2～3 天投喂配合饲料，之后投喂 1 天杂鱼，再投喂 1 天豆饼或玉米。日投喂 2 次，分别于早晨和傍晚各投喂 1 次。投喂配合饲料的蛋白含量为 30%～32%，投喂量为池虾总重量的 3%～5%。杂鱼的投喂量为总重量 8%～10%、豆饼或玉米的投喂量为总重量 4%～6%。9 月以后天气转凉，水温降低，小龙虾重新进入快速生长期，此时以投喂配合饲料为主，辅喂部分鱼、螺、蚬、蚌肉等动物性饲料。投喂配合饲料的蛋白含量为 35% 左右，日投喂 3 次，07：30、14：30 投喂配合饲料，投喂量为池虾总重量的 5%～6%；日落后投喂动物性饵料，投喂量为总重量的 6%～8%。养殖全程中，具体的投喂量应根据池虾的摄食、生长、蜕壳、病害及季节、天气、水质、水温以等情况综合考虑，灵活掌控。一般以第二

天投喂前基本吃完无剩余为宜。

2. 水质管理

每星期加水 1 次，每月换水 1 次。每次加水 20 厘米左右，保持池水清新；每次换水 30%，保持池水透明度为 30 厘米左右。适时开启增氧机或抛撒粒粒氧、增氧灵等增氧剂，保持池水溶解氧在 5 毫克/升以上，让池虾在享受"氧调"的情况下快乐生长。每半月泼洒 1 次微生态活水素（主要成分：枯草芽孢杆菌、光合细菌、植物乳杆菌、酵母菌、氨基酸、消化酶等），用量为每亩 200～300 克，以有效去除水中有毒有害物质，稳定 pH，改良水质。每月泼洒 1 次生态修复改底剂（主要成分：除臭分解剂、氧化剂、吸附剂、微生物菌种、解毒解热调节剂、有机螯合物、微量矿物元素），用量为每亩 350～500 克，以有效吸附和分解氨、氮、硫化氢、亚硝酸盐等有毒有害物质，减缓池塘老化，改善修复池塘底部生态环境。

3. 防病管理

在小龙虾养殖生产过程中，应遵循"无病先防、有病早治、预防为主、防重于治"的原则，采取积极预防措施控制虾病的发生和蔓延，确保小龙虾健康生长。每半月全池泼洒 1 次 30% 的漂白粉或 8% 的溴氯海因预防细菌病，用量分别为每亩 1.0～1.5 千克和 250～300 克。每月投喂 1 次用菌毒杀星（主要成分：黄连、黄芩、黄柏、大黄、栀子、地锦草、大青叶、金银花、鱼腥草、免疫增强剂）制成的药饵，每 100 千克饲料用量为 400～500 克，每次连喂 3～4 天，预防肠炎病。每月全池泼洒 1 次硫酸铜和硫酸亚铁合剂（硫酸铜和硫酸亚铁比例为 5∶2），用量为每亩 450 克，预防寄生虫病。

（八）适时捕捞

因为小龙虾的生长周期相对较短，所以在 2—3 月投放的虾苗，到 8—9 月即可捕捞进行销售。在对小龙虾进行捕捞的过程中应当根据其活动规律，提前一天把捕捞网安放在浅水区域，等到第二天清晨时即可收网。若当季市场需求相对较大，可适当将池水抽出，通过向水中拖网的办法实施捕捞，能够一次性捕捞到更多数量的小龙虾，捕捞时间应当选择在晚上。

三、虾蟹混养

（一）虾蟹混养的基本原理

1. 河蟹和小龙虾的适宜生长期不同

河蟹个体较大，养殖前期，生长相对较慢，3月放养，4—6月水温较低，一般只能蜕壳2～3次，个体一般在30～50克/只。此时的河蟹，摄食量小，活动范围少，还围养在池塘较小的范围内，其他水面正在生长水草。小龙虾在该阶段则生长最快，如果提前做好苗种放养工作，经过2个多月的养殖，小龙虾可以蜕壳5～8次，达到30～60克/尾的上市规格，市场售价在此时也达到全年最高。因此，蟹池套养小龙虾可以充分利用蟹池的空间，在基本不影响河蟹养殖的前提下，额外增加了小龙虾的养殖收入。

2. 小龙虾和河蟹的捕捞时间和销售季节不同

河蟹只有在生殖洄游季节才离开栖息地活动，而其他时间，即使池塘有地笼等捕捞工具，河蟹进入地笼的比例也很小，这就为春夏季小龙虾的捕捞提供了便利。河蟹的销售季节为中秋之后的2～3个月，而小龙虾的销售季节为5—9月，价格最高的时间段为4—6月。因此，在混养模式下，河蟹、小龙虾捕捞和销售基本可以做到互不影响。

3. 虾蟹混养的关键

虾蟹混养技术成功的关键在于如何充分利用两者的优势，尽可能地避免同位竞争造成的负面影响。具体包括以下几个方面。

（1）提早开展小龙虾苗种繁育。要在4月中旬前，使小龙虾苗种规格尽可能超过3厘米。采用专池繁育和室内工厂化育苗，可以很好地解决这个问题。

（2）严格控制小龙虾养殖密度，尽可能做到计划放养。

（3）规划好虾蟹混养的养殖侧重点，按计划分别开展虾蟹生产。一般先养虾，后养蟹。开春后，水温9℃以上时，即开始投喂饲料，使小龙虾有充足的饵料，以保护水草生长，5月初开始捕虾销售，6月底或7月初基本完成小龙虾捕捞工作。捕捞起来的小龙虾，不论大小，均不能回池，这是控制后期小龙虾在池数量的关键。在开展小龙虾养殖的同时，3—5月将河蟹围养在池塘水草栽培效果较好的区域，进行强化培育。待小龙虾基本捕完后，拆除围网，专心开展河蟹养殖。此时，池中仍有小龙虾，可继续开展捕捞，但要做到捕虾不伤蟹。

（二）池塘条件

每个池塘面积以10～20亩为宜，四周以尼龙网等材料围起高50厘米的防逃设施，配备3千瓦的增氧机1台。沿四周开挖10米宽的环沟，环沟内取土建埂，沟深0.8米，池塘埂坡比1∶2，池塘台面深1.2米，底质为壤土，池坡土质较硬，水量充足，水质无污染，进排水方便。

（三）清塘消毒

冬季开始对池塘进行修整改造，清除过多淤泥，保证池底平坦、淤泥10厘米左右，并利用冷冻和曝晒的方法杀灭塘底细菌、病毒，改善土壤的理化性质。每亩用125千克生石灰化水全池泼洒消毒。

（四）水草种植

水草种植面积为池塘面积的1/3～2/3，以伊乐藻为主，搭配苦草、轮叶黑藻等。在环沟四边栽种伊乐藻，以发挥伊乐藻耐低温的优势，使其提前生长并尽早形成优势种群。在滩面播种苦草种，保持滩面水深3厘米左右，每亩用种1.5千克，先浸泡，后用粉碎机粉碎，全池播撒。然后播种轮叶黑藻芽苞，每亩用种1.5千克拌泥沙撒播。

(五) 投放螺蛳

每亩水面投放活螺蛳 500 千克,分两次投放。第一次每亩投放活螺蛳 200 千克,第二次每亩再投放螺蛳 300 千克,使其在池内繁育生长,既可以净化池塘水质,又为河蟹、小龙虾提供适口活性饵料。

(六) 种苗放养

1. 蟹种放养

选择优质蟹种,规格 120~150 只/千克,规格整齐,无病无残缺,体表色泽正常、活力强,于 3 月初放养,每亩放养 600 只。

2. 小龙虾种放养

于上年 8 月下旬投放规格为 25~30 尾/千克的种虾,每亩约 5 千克,让其在池塘中打洞越冬、自然繁殖。

3. 鱼种放养

为解决池中野杂鱼争食、争氧、争空间的问题,利用鳜捕食野杂鱼,将低值鱼转化为优质鱼,每亩放养规格为 6 厘米的鳜 10 尾;为了控制水质,在池内混养规格为 0.25 千克/尾左右的鲢,每亩放养 20 尾。同时 3 月底前每亩放养性腺发育良好、规格为 0.25 千克/尾的野生鲫 4 尾,待水温回升后让其自然繁苗,为鳜下塘后提供适口的饵料。

(七) 养殖管理

1. 饵料投喂

主要投喂的饲料品种有配方饲料,玉米等植物性饲料,活螺蛳、冰鲜鱼等动物性饲料。一般每天投喂 2 次,投饵时间分别在 07:00—09:00、17:00—18:00,每天投饵量可占体重的 5% 左右,并根据天气、水温、水质及虾蟹摄食量等情况有所增减。整个养殖过程中按照"精、粗、荤"方法投饵,即 3—6 月以蛋白含量 35% 以上的配方饲料为主,搭配冰鲜小杂鱼;7—8 月以玉米等植物性饲料为主，搭配冰鲜小杂鱼；8月以后以动物性饵料为主，并适当投喂黄豆豆浆。

2. 水质调节

养殖水位根据水温变化而定，掌握"春浅夏满"的原则，春季水深保持 0.6～0.8 米，有利于水草和螺蛳的生长；夏季水温较高时，水深控制在 1～1.2 米，有利于小龙虾、河蟹安全度过高温天气。经常冲水，保持水质"肥、活、嫩、爽"，春季每 7 天加换水 1 次，每次加换 15～20 厘米，高温季节每 3 天换水 1 次，并加大进排水量，养殖后期每月换水 1～2 次，以保持水质清新稳定。每 15 天泼洒 1 次生石灰水，水深 1 米用量为每亩 10 千克，使池水 pH 保持在 7.0～8.5，促进小龙虾、河蟹蜕壳生长。5 月开始使用 EM 菌、枯草杆菌等生物制剂，每月施用 1～2 次，施药时间应在水温 25℃ 以上的晴天上午，施用生物菌的前后 15 天内不宜使用杀菌剂等药物，施用后也不宜频繁换水，以保持有益菌的浓度。高温季节配合用底质改良剂进行底质改良。

3. 水草管理

伊乐藻不耐高温，长期在水温 30℃ 以上会发生烂草现象，造成水质腐败，引起蟹病。因此在 5 月中旬伊乐藻生长达40～50 厘米时割去上部 10～15 厘米，既可以解决高温季节伊乐藻腐烂的问题，又可腾出水面空间，促进苦草、轮叶黑藻生长。在整个生产过程中始终保持水草面积占总水面的 60% 为宜。

4. 病害防治

坚持预防为主、防治结合的方针，并注意虾蟹、鳜在用药方面的矛盾性和适应性。高温季节对水体进行消毒时，可以使用一些溴制剂、碘制剂，不要使用氯制剂，防止因氯制剂刺激性较大而使河蟹、小龙虾产生强应激性，并导致大量死亡。

5. 日常管理

每天坚持早中晚巡塘，及时捞除水中残草、残饵，观察水质、水温变化及虾蟹的摄食、活动情况，特别是在雨天勤查进排水口，注意检查防逃设施，一旦破损抓紧修补，驱赶、捕杀水鸟、水蛇、水老鼠、青蛙等敌害。实行轮捕上市，对小龙虾进行捕大留小，及时出售达到上市规格的小龙虾。

四、水生经济植物池养殖

（一）虾莲藕共作

虾莲藕共作就是在莲藕池（田）中养殖小龙虾，在莲藕种植期间，小龙虾在池中与莲藕同生共长，最后实现小龙虾与莲藕双丰收的一种生态高效种养模式（彩图 42）。该模式投入少，效益高，产品品质优。

1. 池塘选择

选择淤泥较厚的老池塘，这样塘内富含有机质，适合栽植莲藕，产出的藕又嫩又脆、口感好。沿池塘四周开挖上口宽 120 厘米，下底宽 90 厘米，深 80 厘米的环形养虾沟，池塘中间还需开挖"十"字形的塘间沟，塘间沟应与环沟、塘相通。其总面积应占池塘总面积的不超过 10%。在池塘对角设置进、排水口，并用 60 目的不锈钢网片封口。池塘四周用 60 厘米高的钙塑板作围栏设施，将钙塑板埋入土中 10～15 厘米并夯实，每隔 80 厘米竖一根木棍以固定钙塑板，防止小龙虾逃逸。另外要及时消灭藕塘中的青蛙、水老鼠等敌害生物。

2. 莲藕栽培

栽藕前要施足基肥，最好施有机肥，施肥量占全年施肥量的 60% 以上，6 月每亩施优质复合肥 50 千克，7 月每亩施用尿素 20 千克，荷叶基本长满塘面时可再追施尿素一次，确保肥料充足，施肥时注意不要灼伤藕叶。选用的种藕最好是有 3～4 节的整藕，要求枝干齐全、顶芽完整、粗壮、无病虫害。种藕栽植时间应在清明或谷雨前后，外塘水温保持在 12℃ 时可以整塘栽植种藕，合理密植，每亩栽 600～700 株。将种藕平放埋入泥中，深度 10 厘米左右，尾部入泥 5 厘米。栽植种藕时用多菌灵浸种 30 分钟。藕塘水位管理原则是浅、深、浅。由 10 厘米的浅水位开始，随着气温升高逐步进水，使水位增到 20 厘米，合理调节水深以利于藕的正常光合作用和生长。6 月水位达到 1.2～1.5 米。天气转凉后逐渐降低水位，9 月中旬至 10 月底，保持水深 30 厘米，越冬期间保持浅水（水深 5 厘米）或土壤湿润越冬。养殖期间根据气候和水温灵活进排水。

3. 苗种放养

年初投放活螺蛳 250 千克/亩，让其自然繁殖，为小龙虾提供一定的适口饵料。选购雌雄种虾，规格为 20～30 只/千克，雌雄比例 3∶1，放养密度为 24 千克/亩。

4. 饵料投喂

8 月的种虾一般在 10 月即进行交配抱卵、打洞越冬，第二年 2—3 月仔虾出洞进入藕塘摄食生长，主要摄食塘中螺蛳、残藕、水草等天然饵料，可适当投喂部分配合饲料，饵料投放点以较浅水位的小龙虾集中区域为主，投饵量应根据剩饵、天气等情况酌情而定，总的原则是"开头少、中间多、后期少"。

5. 虾病防治

坚持预防为主、防治结合的方针，虾种投放前应用 3％左右的食盐水浸泡 3～5 分钟。小龙虾生长期间每隔 15～20 天使用生石灰按每亩 10—15 千克的用量化水后全池泼洒 1 次，调控水质，预防疾病。

6. 小龙虾捕捞

小龙虾生长速度较快，从 3 月底开始用地笼捕获小龙虾上市出售，每天傍晚将地笼放入池中，采取捕大留小、逐步上市的方法。5 月初藕冒青，小龙虾会将藕的嫩叶夹掉，影响藕正常生长，从而影响藕产量，所以到藕冒青之前务必将小龙虾彻底捕完。

（二）虾茭白共作

小龙虾与茭白共生种养是一种全新的生态模式（彩图 43）。茭白为小龙虾提供栖息、蜕壳、隐蔽的场所，小龙虾的排泄物和剩饵渣又为茭白提供了有机肥料，茭虾共生互不影响。

1. 池塘工程结构

应选择水源充足、水质良好、无污染、进排水方便的池塘。池塘底质以土层深厚、富含有机质、肥力中上等的土壤为佳。池塘周围不能有高大树木，并做到水、电、路三通。沿塘埂内侧四周开挖宽1.5~2.0米，深0.5~0.8米的环形沟。如池塘面积较大，可在池塘中间适当开挖中间沟。中间沟宽0.5~1.0米、深0.5米。在田间沟与环形沟内投放用轮叶黑藻、马来眼子菜等沉水性植物制作的草堆，在塘边地角用竹子固定少量漂浮性植物，如水葫芦、浮萍等。在放养小龙虾前，要在池塘进排水口安装围拦网设施，通常用硬质塑料薄膜，沿池埂四周每隔1米用竹桩或木桩支撑固定，并把硬质塑料埋入土中20厘米，土上露出50厘米即可。如有条件可以在池埂的坡上铺设一层密眼的塑料网布。

2. 施肥管理

每年3月种茭白前要施足底肥，每亩施腐熟的猪、牛粪和绿肥1500千克左右，钙、镁、磷肥20千克，复合肥30千克，撒施均匀并及时翻入土层内，然后灌水泡田，使泥土软化，做到田平、泥烂、肥足。

3. 茭白栽种

4月，选择生长整齐、粗壮、洁白、分蘖多的茭白植株作种株，用根茎分蘖苗切墩移栽，每墩带匍匐茎和4~6个分蘖苗，按株行距0.6~1米栽苗，栽植方式以45°斜插入泥中为宜，深度以根茎和分蘖基部入土，而分蘖苗芽稍露出水面为宜。

4. 小龙虾放养

幼虾要求体质健壮、活动力强、附肢齐全、无病无伤。一般在5月晴天早晚或阴雨天进行投放，可将幼虾放进塑料盆内，先往盆里慢慢加少量池水至盆内水温与池水接近，并按盆内水量加入3%~4%食盐水浸浴3~5分钟进行消毒，再沿池边缓缓放入池中。一般每亩可放养2~3厘米的幼虾1万尾左右。

5. 科学管理

以"浅水栽植、深水活棵、浅水分蘖"为原则。萌芽前灌水

30 厘米，栽后保持水深 50～80 厘米，至分蘖后期，水加深至 1.0～1.2 米。控制茭白无效分蘖，7—8 月高温期宜保持水深1.3～1.5 米。小龙虾耐低氧能力较强，但也要注意水质变化，保持水质新鲜、清爽，并有足够的溶解氧，池水透明度控制在 30 厘米左右，以利于小龙虾正常生长。

放苗后刚开始的几天不需投喂，10 天后再逐步投喂鱼糜、人工配合饲料。当小龙虾体长 5 厘米以上时，投喂人工配合饲料，同时不定期地加喂一些动物性饲料（小鱼虾、螺蚌肉、蚕蛹等）。晚上投喂全天饲料的 70%～80%，早上投喂全天饲料的 20%～30%。饲料要均匀地投在池塘的浅水区，做到"定时、定位、定质、定量"，保证所有虾都能吃到，避免争食，促进均衡生长。每天早晨或傍晚巡塘检查 1 次，观测池塘水质变化，了解小龙虾吃食和运动状况，注意饵料投喂量的调整，清理养殖环境，发现异常及时采取对策。

6. 小龙虾捕捞

小龙虾可用地笼、虾笼捕捞。一般每亩可产小龙虾 200 千克左右，茭白的收获可根据茭白的品种不同适时进行。

（三）虾水芹轮作种养

水芹是一种蔬菜，同时也是水生动物的良好饵料。它的种植时间和小龙虾的养殖时间明显错开，双方能起到互相利用空间和时间的优势，在生态效益上互惠互利（彩图 44）。

1. 水芹池选择

要求水源充足，水质良好，进排水方便，能保持水位 1 米左右，池底和池壁有良好的保水性能。

2. 苗种放养前处理

小龙虾苗种放养前，选用钙塑板、彩钢瓦等沿水芹池四周设置防逃设施，高度不低于 20 厘米。虾苗放养前 15 天，放干水芹池水至 10 厘米左右，每亩用生石灰 80～100 千克彻底清塘，以杀灭病原体和敌害生物。在虾苗投放前 7 天左右灌入新水至 80 厘米，同时每亩水面施发酵腐熟的粪肥 100～200 千克，以培育浮游生物。

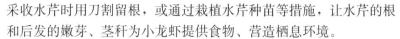

采收水芹时用刀割留根，或通过栽植水芹种苗等措施，让水芹的根和后发的嫩芽、茎秆为小龙虾提供食物、营造栖息环境。

3. 虾苗放养和投喂

投放虾苗 15～20 千克/亩。要求规格整齐、体格健壮、一次放足。小龙虾属于杂食性的生物，水芹的根、叶以及池内丰富的有机碎屑等都是小龙虾良好的生物饵料。为保障小龙虾健康生长，还需根据池内生物饵料的资源状况和小龙虾摄食情况，人工投喂饲料作为补充。饲料以配合饲料为主，一般日投喂量为虾体重的 4%～7%，每天傍晚投喂 1 次，采取定质、定量、定时、多点投喂的方法，确保所有小龙虾都能吃到。

4. 水质调节

5—6 月每 10～15 天换 1 次水，7—8 月每周换 1 次水，换水量20%，保持池水透明度 30 厘米左右、水深 1 米左右。每 20 天左右施用生石灰 1 次，用量 10 千克/亩。

5. 捕捞销售

从 6 月底开始放置地笼，及时捕捞成虾上市销售。在水芹种植前排干池水，捕捞销售剩余小龙虾。

（四）小龙虾慈姑共作

慈姑，又称茨菰，不耐霜冻和干旱，南方各省均有栽培。慈姑既是一种蔬菜，也是水生生物的饵料。慈姑和小龙虾的养殖时间几乎一致，可起到水草作用，两者在生态效益上互惠互利（彩图 45）。

1. 慈姑的选择与栽培

选择具有本品种特征、匍匐茎短而密集、单株球茎数为 10～14 个的优良植株为种株。育苗移栽，须选用肥大端正、顶芽粗短而稍弯曲的球茎作"种"。用整个球茎或取其顶芽播种。1—3 月，在温度 15℃以上和适宜的湿度进行催芽，出芽后栽植或插芽育苗。平均气温在 15℃以上时可直接播种。

栽种慈姑宜选低洼地或肥沃稻田，要求池底平坦并充分耙耱，施有机肥作基肥。立秋后，球茎开始形成，可追施磷、钾肥。确定栽植规格时，应考虑品种的熟性和定植期。一般以每亩栽4 000多株为宜。慈姑幼苗需除去老根老叶，留几条新根和3～4片嫩叶，定植后易发根成活。慈姑对水分要求较高，各生长期水层深浅的要求不同：一般定植后浅水（3厘米），旺盛生长期水层深8～10厘米，球茎形成期水层深3厘米。慈姑叶面积系数以1.5为宜。匍匐茎和球茎形成期间，对叶片生长要促、控结合，除去老叶、黄叶，保留5～8片绿叶，注意通风透光，提高光合作用效能，减少植株养分消耗及病虫害发生。老匍匐茎形成的球茎小，大小不均，需摘除，以促进新匍匐茎的发生和形成球茎。菜农常在霜降至立冬期间，在离植株6～9厘米处用刀插入土中10～15厘米转割一周，把老根和匍匐茎割断，俗称"圈根"。

2. 小龙虾放苗和管理

小龙虾苗种每亩可放养10千克。小龙虾苗种放养前，选用钙塑板、彩钢瓦等沿慈姑池四周设置防逃设施，高度不低于20厘米。虾苗放养前15天，放干池水至10厘米左右，每亩用生石灰80～100千克彻底清塘，以杀灭病原体和敌害生物。虾苗投放前7天左右灌入新水至80厘米，同时每亩水面施发酵腐熟的粪肥100～200千克，以培育浮游生物。

3. 收获上市

放置地笼，及时捕捞成虾上市销售。慈姑于霜降后采收，分2～3次收完。贮藏方法有田间贮藏、露天贮藏和水控贮藏等，以田间贮藏最为简便，且效果好。球茎成熟后，排干田水，每隔5行开沟，降低水位，以后经常注意排出积水，让球茎贮藏于田间。

第三节　小龙虾病害绿色防治技术

野生环境下小龙虾的适应性和抗病能力较强，常见的病和河蟹、青虾、罗氏沼虾等甲壳类动物疾病相似。由于小龙虾患病初期不易发现，一旦发现，病情就已较重，用药治疗作用较小，疾病不能及时治愈，进而导致大批死亡使养殖者陷入困境。所以小龙虾疾病要采取"预防为主、防重于治、全面预防、积极治疗"的措施，控制虾病的发生和蔓延。为了及时掌握发病规律，防止虾病的发生，首先必须了解发病的病因。小龙虾发病原因比较复杂，既有外因也有内因。查找根源时，不应只考虑某一个因素，应该把外界因素和内在因素联系起来加以考虑，才能正确找出发病的原因。

小龙虾发病因素主要归结为以下几点：一是自身因素，小龙虾体质的好坏决定其是否能够抵御外来病原菌，比如软壳虾和正常虾比，其抵御疾病能力就弱。二是环境因素，影响小龙虾健康的环境因素主要有水温、水质和底质。小龙虾的体温随外界环境尤其是水温变化而发生改变，水温过低或过高会削弱小龙虾机体的防御能力，并且水温升高会导致病原菌滋生。当水温发生急剧变化时，机体由于适应能力不强而发生病理变化乃至死亡。水质的好坏直接关系到小龙虾的生长质量，影响水质变化的因素有水体的酸碱度、溶解氧含量、透明度、氨氮含量及微生物含量等理化指标。这些指标在适宜的范围内，则小龙虾生长发育良好，一旦水质环境不良，就可能导致小龙虾生病或死亡。三是外界因素，主要是敌害生物和人为因素。敌害生物是指直接吞食或直接危害小龙虾的动物，如池塘内的青蛙会吞食软壳小龙虾；池塘里如果有乌鳢生存，会直接摄食小龙虾或伤害小龙虾，对小龙虾的危害也极大。人为因素包括操作不慎、外部病原体带入、投喂和管理不当等。饲养过程中操作不慎导致小龙虾附肢缺损或自切损伤，容易使病菌从伤口侵入，使小龙虾感染患病；捞取活饵，采集水草时消毒、清洁不彻底，会带入病原体；投喂不当、放养密度不当和混养比例不合理，会造成小龙虾缺氧，引起水质腐败，促进细菌繁衍，导致小龙虾生病。

一、病害检查

1. 体表检察

观察小龙虾头胸甲、尾部是否出现绿毛、黄毛以及黑色泥垢，是否出现断须、断爪，末端是否发黑、发黄，尾扇边缘组织是否积水等，观察虾体活力程度。取样镜检有无寄生虫（如纤毛虫等）。

2. 鳃部、肝胰脏检察

剥离头胸甲，暴露完整头胸部，观察鳃部是否变黑，头胸甲是否有花斑，肝胰脏是否发白。

3. 肠道检察

从尾节处抽出肠道，观察肠道食物状况、空泡情况、有无充血。

4. 肌肉检察

剥离腹甲，观察肌肉是否呈白色。

二、疾病预防

（一）做好清塘消毒

做好清塘改底工作，清塘药物有生石灰、含氯石灰和茶粕等。生石灰清塘：水深 0.3～1 米，每亩用生石灰 100～150 千克，兑水500 倍全池均匀泼洒。含氯石灰清塘：水深 0.3～0.5 米，每亩用含氯石灰 10～20 千克，兑水 500 倍全池均匀泼洒。茶粕清塘：水深 0.3～0.5 米，每亩用茶粕 10～15 千克，浸泡 10 小时后，兑水500 倍全池均匀泼洒。

（二）调优大环境

调优大环境，即调水改底，3—4 月投施 1 次速效益藻肽肥，主要成分是氨基酸营养素、小肽、酵解蛋白、多糖和微量元素等，用量为 2～3 千克/亩，以培养绿藻、硅藻等有益藻类，之后遵循少量多次的原则进行追肥，一般每 15～20 天追施 1 次，用量为 1 千克/亩，保持水质的"肥、活、嫩、爽"。高温季节每 10～15 天使用 1 次底益净，主要成分为复合芽孢杆菌、酵母菌、硝化菌、复合酶、增效剂等，用量为 0.8～1.0 千克/亩，以分解池底残饵、粪便、死苔、死藻等有机物，抑制有害菌类繁殖，防止池底酸化、变黑、发臭，修复和改善池底环境。

（三）控制病原菌

消毒杀菌是切断病原菌传播的关键环节。3—5 月每 10～15 天使用 1 次高聚碘，主要成分为碘、特种表面活性剂、天然中草药萃取物等，用量为 30～50 毫升/亩；6—8 月每 7～10 天使用 1 次粒粒菌净，主要成分为溴氯海因、过磷酸钙、氧化剂等，用量为 80～100 克/亩。通过使用上述高效、低毒、残留少的消毒药品，控制水体病原菌的滋生。

（四）增强抵抗力

通过外泼内服免疫制剂，改善虾胰腺消化功能，可以增强小龙虾抵抗力。虾苗放养前后各泼洒 1 次应激开胃宝，主要成分为多种氨基酸、多种抗应激添加剂、活性营养元素，用量为 250 克/亩，以增强虾苗抗应激力和环境适应力，提高放养成活率。养殖过程中，每月外泼或内服 1 次免疫多糖产品，主要成分为免疫多糖、短肽、微量元素，外泼用量为 250～350 克/亩，内服用量为每 500 克药拌 40 千克饲料，连用 5～7 天，以增加小龙虾食欲，提高免疫力。蜕壳前后分别外泼、内服 1 次虾蟹硬壳宝，主要成分为钙、铁、磷、镁、多种维生素，外泼用量为 200～300 克/亩，内服用量为每 100～200 克药拌 100 千克饲料，以补充矿物质及微量元素，促进虾甲壳快速硬化，防止软壳和蜕壳不遂等。

（五）科学管理

科学控制放养密度，池塘精养一般可每亩放养 3 厘米的虾苗 15 000～20 000 尾；稻田养殖在 4—5 月每亩放养 3 厘米左右的虾苗 20 000 尾左右，或每亩放养规格较大的幼虾 20～25 千克。投喂的饲料要新鲜，不投喂腐败变质的饲料，在配合饲料中可添加微生物制剂、电解多维、虾蟹保肝宁等免疫剂。检查池塘或稻田四周的防逃设施，如有破损应及时修补，在进排水口应设置栅栏或网片，严防小龙虾逃逸和敌害生物进入。人工设置好适宜小龙虾栖息的环境条件，包括沟、埂、遮蔽物等。做到勤巡查、勤施肥、勤培水，发现异常情况及时予以解决。

三、常见疾病与防治

(一)水霉病

1. 病因

由水霉菌感染所致。

2. 症状

病虾体表附生一种灰白色、棉絮状菌丝，患病的虾一般很少活动，不觅食，不进入洞穴（彩图 46）。

3. 预防

（1）当水温 15℃ 以上时，每 15 天用 25 毫克/升生石灰全池泼洒。

（2）割去生长过旺的水草，增加日照。

（3）杜绝伤残虾苗入池，长了水霉的死鱼不能用作饲料。

（4）每立方米水体五倍子用量为 2 克，煎汁稀释后全池泼洒。

4. 治疗

（1）食盐、小苏打，配成合剂全池泼洒。每天用 1 次，每次用量分别为 40 毫克/升、35 毫克/升，连用 2 天，如效果不明显，换水后再用药 1～2 天。

（2）用 0.3 毫克/升二氧化氯全池泼洒 1～2 次，两次用药应间隔 36 小时。

（3）用 1 毫克/升漂白粉全池泼洒，每天 1 次，连用 3 天。

（4）用 2～4 毫克/升克霉灵全池泼洒。

（5）每 100 千克饲料加克霉唑 50 克制药饵投喂，连投 1 周。

（二）黑鳃病

1. 病因
虾鳃受真菌感染。

2. 症状
鳃部由肉色变为褐色或深褐色，直至变为黑色，鳃组织萎缩坏死。患病的幼虾活动无力，多数在池底缓慢爬行，停食。患病的成虾常浮出水面或依附水草露出水外，不进洞穴，行动缓慢，最后因呼吸困难而死（彩图 47）。

3. 预防
（1）更换池水，及时清除残饵和池内腐败物。
（2）用 25 毫克/升生石灰，定期消毒水体。
（3）经常投喂青绿饲料。
（4）成虾养殖中后期，在池内放些蟾蜍。

4. 治疗
（1）用 1 毫克/升漂白粉全池泼洒，每天 1 次，连用 2～3 次。
（2）用 10 毫克/升亚甲基蓝全池泼洒 1 次。
（3）用 0.1 毫克/升强氯精全池泼洒 1 次。
（4）用 0.3 毫克/升二氧化氯全池泼洒 1 次，并迅速换水。
（5）发病后在执业兽医师指导下选用适当的抗生素治疗。

（三）烂尾病

1. 病因
小龙虾由于受伤或几丁质被分解而感染细菌。

2. 症状
感染初期，病虾尾部有小疮，边缘溃烂、坏死或残缺不全；随着病情恶化，溃烂由边缘向中间发展；严重感染时，病虾整个尾部溃烂掉落（彩图 48）。

3. 预防
（1）运输和投放虾苗虾种时，不要堆压损伤虾体。

（2）养殖期间要保证饵料投足、投匀。

4. 治疗

（1）用 15～20 毫克/升茶粕浸液全池泼洒。

（2）每亩用生石灰 5～6 千克化水后全池泼洒。

（3）用强氯精等消毒剂化水全池泼洒，用量为 0.1 毫克/升。病情严重的，连续泼洒 2 次，中间间隔 1 天。

（四）肠炎病

1. 病因

水体环境恶化，小龙虾肠道被有害细菌感染、摄食变质饲料或者腐败冰冻鱼、长期摄食高蛋白饲料（肠道负荷大）、肠道病变、长期摄食不卫生的食物等原因均可引起肠炎病。

2. 症状

用手扯出小龙虾的肠道，可见肠道无食，肠道内有气泡，部分肠道呈蓝色或者黄色。严重时可见整条肠道呈蓝色或者黄色（彩图49）。

3. 预防

可以使用大蒜素与有益菌等进行合理预防，其中大蒜素的用量为饲料重量的 1%，有益菌的用量为饲料重量的 2%。

4. 治疗

（1）出现肠炎症状时，第一时间控料，投喂量减半。

（2）投喂用肠炎灵制成的药饵，用量为饲料重量的 1%。每日 1 次，连喂 4～5 次；泼洒浓度为 10% 的二溴海因，用量为 150 克/亩。病情较重时，隔日再用 1 次。

（五）纤毛虫病

1. 病因

由纤毛虫寄生所致，主要寄生种类包括聚缩虫、钟形虫、单缩虫和累枝虫等。

2. 症状

体表、附肢、鳃上附着污物，虾体表面覆盖一层白色絮状物，致使小龙虾活动力减弱，食欲减退（彩图50）。

3. 预防

（1）保持池水清新。

（2）清除池内污物。

（3）冬季清淤。

4. 治疗

（1）0.3毫克/升聚维酮碘溶液全池泼洒。

（2）将硫酸铜和硫酸亚铁按5∶2的比例配成溶液，全池泼洒，用量0.7毫克/升。

（3）用30毫克/升甲醛溶液全池泼洒，每隔16～24小时更换池水。

（4）用20～30毫克/升生石灰全池泼洒，连用3次，使池水透明度超过40厘米。

（5）按说明书使用甲壳净等药物。

（六）软壳病

1. 病因

小龙虾体内缺钙，光照不足、pH长期偏低、池底淤泥过厚，虾苗密度过大，长期投喂单一饵料等可导致本病。

2. 症状

虾壳软薄、体色不红、活动力差、觅食不旺、生长缓慢、协调能力差（彩图51）。

3. 预防

（1）冬季清淤。

（2）用生石灰清塘，放苗后每20天用25毫克/升生石灰泼洒。

（3）控制放养密度。

（4）池内水草面积不超过池塘面积的30%。

（5）投饵多样化，适当增加含钙饵料。

4. 治疗

（1）用 20 毫克/升生石灰全池泼洒。

（2）用鱼骨粉拌新鲜豆渣或其他饵料投喂，用量为饵料重量的 5%，每天 1 次，连用 7～10 天。

（七）烂壳病

1. 病因

由假单胞菌、气单胞菌、黏细菌、弧菌或黄杆菌感染所致。

2. 症状

病虾壳上有明显溃烂斑点，斑点呈灰白色，严重溃烂时呈黑色，斑点下陷出现空洞，最后导致内部感染，甚至死亡（彩图 52）。

3. 预防

（1）运输投苗时操作要细致，保证伤残苗不入池，苗种下塘前用 3% 食盐水浸泡 5 分钟；日常操作要小心，尽量不伤苗。

（2）保持池水清洁。

（3）投饵充足。

（4）每 15～20 天用 25 毫克/升生石灰全池泼洒。

4. 治疗

（1）用 25 毫克/升生石灰全池泼洒 1 次，3 天后再用 20 毫克/升生石灰全池泼洒。

（2）用 15～20 毫克/升茶粕浸泡后全池泼洒 1 次。

（3）每千克饵料用 3 克磺胺甲基嘧啶拌饵，每天 2 次，连用 7 天后停药 3 天，再投喂 3 天。

（八）蜕壳不遂病

1. 病因

小龙虾生长的水体缺乏钙等元素。

2. 症状

病虾在其头胸部与腹部交界处出现裂痕，全身发黑（彩图 53）。

3. 预防

(1) 每 15～20 天用 25 毫克/升生石灰全池泼洒。

(2) 每月用 1～2 毫克/升过磷酸钙全池泼洒一次。

4. 治疗

(1) 饲料中拌入 1%～2%蜕壳素。

(2) 饲料中拌入骨粉、蛋壳粉等增加钙质，用量为饲料重量的 5%。

(九) 水肿病

1. 病因

小龙虾腹部受伤后感染嗜水气单胞菌。

2. 症状

病虾头胸内部水肿，呈透明状。病虾匍匐在草丛里不吃不动，最后在池边浅水滩死亡（彩图 54）。

3. 防治

(1) 在生产操作中，尽量防止小龙虾受伤。

(2) 发病后在执业兽医师指导下选用适当的抗生素治疗。

(十) 螯虾瘟疫

1. 病因

由真菌引起。

2. 症状

病虾体表有黄色或褐色斑点，在附肢和腿柄基部可发现真菌的丝状体。病虾呆滞，活动减弱或活动不正常，严重时会大量死亡（彩图 55）。

3. 预防

(1) 保持水体清新，维持正常水色和透明度。

(2) 适当控制放养密度。

(3) 冬季清淤。

(4) 平时注意消毒。

4. 治疗

（1）用0.1毫克/升强氯精全池泼洒。

（2）用10毫克/升亚甲基蓝全池泼洒。

（3）用1毫克/升漂白粉全池泼洒，每天1次，连用2～3天。

（4）发病后在执业兽医师指导下选用适当的抗生素治疗。

四、用药的注意事项

在小龙虾疾病防治或水质改良过程中，离不开药物，而对症下药是首要问题。如果随便用药，不但起不到防治的效果，反而会适得其反。要做到对症下药，除了要对小龙虾作出正确的诊断外，还要了解药物的性能、作用机制、用量及应用效果，力求达到用药准确，疗效好，毒副作用小，并能充分发挥药物的效能。

（一）药物使用原则

1. 安全性

所有的外用药品，使用时必须注意防止缺氧。严格按照说明书用法用量使用，特别关注注意事项。对于一些"杀"的药物，一定要注意使用剂量，切不可胡乱增加剂量、搭配药品等；对于一些禁用药品，则坚决不使用。

2. 有效性

尽量选用速效、长效且高效的药物。使用过后要能使患病小龙虾尽快好转，并快速恢复健康，减少养殖上的损失和风险。但一般都在治疗3天以后才能看出效果。

3. 廉价性

选用药物时，应多做比较，许多药物有效成分大同小异，或者药效相当，但价格相差很远，对此，要合理地选用药物。能用天然药物代替的就用天然药物代替，如大蒜素，可购买大蒜代替使用。

4. 方便性

确定好使用药物后，使用过程中尽量做到操作方便简洁，不管是泼洒还是拌料，应选择疗效好、安全、使用方便的用药方法。

（二）科学使用药物

小龙虾疾病的防治上，不同的剂型、不同的用药方式，对药效的影响不同。内服药的剂量是按小龙虾体重来计算的，外用泼洒药物的剂量则是按照池塘实际水体体积来计算的，不同的剂量不仅可以产生药物作用强度的变化，甚至还能产生药物质上的变化。

池塘水深一般不超过2米，超过2米的按照2米计算体积，不足50厘米的，按照50厘米计算体积，这种用法只限于微生态制剂。

当在水深不足50厘米的池塘使用消毒剂、杀虫剂、杀青苔的药物（具有强刺激作用）时，必须按照实际水体计算，不可随意按照水深50厘米计算。

1. 正确诊断

一种药物对虾病的病原应该有针对性，不可能有防治百病的灵丹妙药。导致小龙虾发病的原因有很多，只有对症下药，才能达到预期的防治效果。避免药物的错误使用，既可以避免产生副作用，同时也可以省时省力省财。

2. 掌握药物性能

了解药物性能，注意各类药物间的相互作用，确定用法用量。

各种药物都有各自的理化特性。如高锰酸钾、过氧化氢和二氧化氯等强氧化剂，只能现用现配；光敏药物则应在早、晚使用；含氯的二氧化氯与三氯异氰尿酸的用法用量是有区别的，应该根据药物的理化性能正确使用。为避免药害事故发生，选择药物时应严禁使用有机磷类（如敌百虫、辛硫磷等）、菊酯类（如氯氰菊酯、氰戊菊酯等）杀虫剂，在小龙虾的繁殖期间禁止使用阿维菌素、伊维菌素等杀螨剂，以防对受精卵孵化产生不良影响；同时尽量避免使用小龙虾耐受力低的药物，如溴氯海因等。

3. 适宜用药

了解养殖环境，合理使用药物。防治疾病时，一般以一个池塘作为用药单位（如全池泼洒），池塘的理化因子（如 pH、溶解氧、盐度和水温等），池塘的生物因子（如浮游生物、底栖生物的数量、种类和密度等），以及池塘的面积、形状、水的深浅和底质状况等，都对药物的药效有一定的影响。过量用药常常会造成药害和中毒死虾事故，还会污染水质。用药应严格按规定的标准使用，不能随意改变用药剂量。

4. 正确使用药量计算方法

首先算出水的总体积（可用水体的面积乘以水深得出）。其次根据药物具体施药的浓度算出药量，如果施药的浓度为 1 毫克/升，则 1 米³ 水体用药量为 1 克。例如，某小龙虾养殖池塘长 100 米，宽 40 米，平均水深 1.2 米，那么使用药物的量推算如下：虾池水体的体积是 100 米×40 米×1.2 米＝4 800 米³。假设某种药的用药浓度为 0.5 克/米³，那么按规定的浓度算出的药量应为 4 800 米³×0.5 克/米³＝2 400 克，即该小龙虾池塘需用药量为 2 400 克。

5. 注意养殖品种间的差异

不同的养殖品种，对药物的耐受性是不一样的，即使是同一品种，在其不同年龄和生长阶段对药物的耐受性也是有差异的，所以在使用药物防治疾病时，必须考虑药物的用法与用量。

6. 正确的用药方法

小龙虾患病后，首先应对其进行科学的诊断，根据病情病因确定有效的药物；其次是选用正确的给药方法，充分发挥药物的效能，尽可能地减少副作用。不同的给药方法，决定了对虾病治疗的不同效果。常用的小龙虾给药方法有以下几种。

（1）挂袋（篓）法 即局部药浴法，把药物尤其是中草药放在自制布袋或竹篓或袋泡茶纸滤袋里，挂在投饵区中，形成一个药液区，当小龙虾进入食区或食台时，得到消毒的机会。通常要连续挂3 天，常用药物为漂白粉。另外，池塘四角水体循环不畅，病菌病毒容易滋生繁衍；靠近底质的深层水体，有大量病菌病毒生存；固定食场附近，小龙虾和混养鱼的排泄物、残剩饲料集中，病原体密度大。对上述这些地方，必须在泼洒消毒药剂的同时进行局部挂袋

71

处理，这种处理方法比重复多次泼洒药物效果要更好。

此法只适用于疾病预防及疾病的早期治疗。优点是用药量少，操作简便，没有危险，副作用小。缺点是杀灭病原体不彻底，只能杀死食场附近水体的病原体和经过食场的小龙虾体表的病原体。

（2）浴洗（浸洗）法　是将小龙虾集中到较小的容器中，放在特定配制的药液中进行短时间强迫浸洗，来杀灭小龙虾体表和鳃上的病原体的一种方法。它适用于小龙虾苗种放养时的消毒处理。

浴洗法的优点是用药量少，准确性高，不影响水体中浮游生物的生长。缺点是不能杀灭水体中的病原体，所以通常在转池或运输前后使用这种方法进行预防消毒。

（3）泼洒法　是根据小龙虾的病情和池中总体水量计算出各种药品用量，配制好特定浓度的药液，然后向虾池内慢慢泼洒，使池水中的药液浓度达到一定水平，从而杀灭小龙虾体表及水体中的病原体。

泼洒法的优点是杀灭病原体较彻底，预防、治疗均适宜。缺点是用药量大，易影响水体中浮游生物的生长。

（4）内服法　是把治疗小龙虾疾病的药物掺入小龙虾喜食的饲料中来投喂小龙虾，从而杀灭小龙虾体内病原体的一种方法。但是这种方法常用于预防或虾病初期，且使用这种方法有一个前提，即小龙虾自身具有食欲，一旦病虾已失去食欲，此法失效。

（5）浸沤法　此法只适用于中草药预防虾病，将草药扎捆浸沤在虾池的上风头或在池中分成数堆，浸沤出的有效成分扩散到池中以杀死池中及小龙虾体表的病原体。

（6）生物载体法　即生物胶囊法。当小龙虾生病时，一般都会食欲大减，生病的小龙虾很少主动摄食，想让它们主动摄食药饵或直接喂药很难，这个时候必须把药包裹在小龙虾特别喜欢吃的食物中，特别是鲜活饵料，就像给小孩喂食糖衣药片或胶囊药物一样，可避免药物异味引起厌食。生物载体法就是利用饵料生物作为运载工具把一些特定的药物摄取后，再由小龙虾捕食到体内，经消化吸收达到治疗疾病的目的，这类载体饵料生物有丰年虫、轮虫、水蚤、面包虫及蝇蛆等天然活饵。常用的生物载体是丰年虫。

总而言之，小龙虾是底栖水生生物，虾塘实际用药时应考虑较多方面，如泼洒施药使药效打折扣，原因是增氧机和水体环境等因素的限制作用，使药效只能作用于水体的中、上层，很难作用于塘底，但用药的重点是塘底，所以载体用药比简单泼水用药效果会好很多；投料喂药时，药味会影响小龙虾摄食，所以在喂药时，一定要选择开胃诱食剂配合拌料投喂，用开胃诱食剂的味道将药品味道遮掩，促进小龙虾摄食药饵，强化药品的使用效果；使用药品时，应避开蜕壳期，尽可能地选择刺激性小，残留时间短的药品；药品要现用现配，才能使其发挥最大药效；在使用药品过程中替换药品，一定要有时间间隔，以防止后洒的药品与前面的药品发生拮抗作用。

第四节 小龙虾的捕捞与运输

一、小龙虾的捕捞

（一）小龙虾的捕捞时间

小龙虾生长速度较快，池塘养殖的小龙虾，经过3～5个月的饲养，成虾规格达到30克/尾时，即可捕捞上市。3—4月放养的幼虾，5月底即可开始捕捞，7月中旬集中捕捞，7月底前全部捕捞完毕；9—10月放养的小龙虾幼虾，到第二年3月即可开始捕捞，5月底可捕捞完毕。

（二）捕捞工具

小龙虾常见的捕捞工具有地笼、虾笼、手抄网和拖网。

1. 地笼

常见的地笼是用聚乙烯网片制作的软式地笼，每只地笼长20～

30 米，由 10～20 个网格组成，网格用外包塑料皮的铁丝制成，每个格子两侧分别有两个倒须网，网格四周有聚乙烯网衣，地笼的两端接以结网，结网中间用圆形钢圈撑开，供收集小龙虾之用。进入地笼的虾由倒须网引导进入结网形成的袋头，最后倒入容器运往市场。不同网目的虾笼能捕捞不同规格的虾，养殖户可根据自己的需要购买不同网目的地笼。

2. 虾笼

虾笼是用竹篾编制的直径为 10 厘米的"丁"字形筒状笼子。虾笼两端入口设有倒须，虾只能进不能出。在笼内投放味道较浓的饵料，引诱小龙虾进入，进行捕捉。通常傍晚放置虾笼，清晨收集虾笼，倒出虾，挑选大规格的小龙虾进行出售，小规格的放回池中继续养殖。

3. 手抄网

手抄网有圆形手抄网和三角形手抄网。三角形手抄网是把虾网上方扎成四方形，下方为漏斗状，捕虾时不断地用手抄网在密集生长的水草下方抄虾。

4. 拖网

由聚乙烯网片组成，与捕捞夏花鱼的渔具相似。拖网主要用于集中捕捞。在拖网捕捞前先降低池塘水位，以便操作人员下池踩纲，一般水位降至 80 厘米左右为好。

（三）小龙虾的捕捞方法

小龙虾的捕捞方法有很多，可用上述虾笼、地笼、手抄网等工具捕捞，也可拉网捕捞，最后再干池捕捞。在 3 月中旬至 7 月上旬，采用虾笼、地笼起捕，效果较好。进入 7 月中旬即可拉网捕捞，尽可能将池中达到规格的虾全部捕捞上来。7 月底以后，小龙虾开始掘洞穴居，地笼捕捞虾量急剧减少。捕捞应采用捕大留小的方法，达不到上市规格的应留池继续饲养，以提高养殖的经济效益。

（四）捕捞注意事项

（1）如果小龙虾掘洞进入地下，则不必强行捕捞，让其进入地下繁殖，没有必要挖洞捕捞，以免对池塘结构造成破坏。

（2）切忌使用"龙虾恨"等药物将虾逼出洞穴的方法进行捕捞。因为在捕捞前使用药物会使小龙虾产品有药物残留，影响产品质量甚至对消费者身体造成危害，不符合无公害水产品的规范要求。

（3）特别需要强调的是，在捕捞小龙虾前，池塘和稻田等养殖区域的防病治病工作要慎用药物，严禁使用有害、易残留的药品。

（4）合理控制地笼的网目，避免网目太小损伤小龙虾或网目太大影响捕捞效果。

（5）地笼下好后，要定期检查，防止地笼中小龙虾过多而窒息死亡，并应及时分拣，将不符合商品虾规格的小龙虾及时放回池塘中继续养殖。

二、小龙虾的运输

（一）幼虾运输

这是虾苗生产和市场之间流通的一个重要技术环节。通过运输，将虾苗快速安全地运送到养虾生产目的地。小龙虾幼虾的运输有干法运输和氧气袋充氧运输 2 种方式。

干法运输：多采用竹筐、塑料筐或塑料泡沫箱作为装虾容器。在容器中先铺上一层湿水草，然后放入部分幼虾，其上再盖上一层水草，再放入部分幼虾，每个容器中可放入多层幼虾。但要注意，用塑料泡沫箱作为装虾容器时，要先在泡沫箱上开几个小孔，防止幼虾因缺氧死亡（彩图 56）。

氧气袋充氧运输：氧气袋灌入适量水后，每个氧气袋装虾 300～2 000 尾，充足氧气即可密封。运输用水最好取自幼虾培育池或暂养池。

（二）成虾运输

多采用干法运输。挑选体格健壮、刚捕捞上来的小龙虾，用竹筐或塑料泡沫箱作为运输容器（彩图 57），最好每个竹筐或塑料泡沫箱装同样规格的小龙虾。先将小龙虾摆上一层，用清水冲洗干净，再摆第二层，直到摆完最后一层后，铺上一层塑料编织袋，浇上少量水，撒上一层碎冰（1.0~1.5 千克），盖上盖子封好。用塑料泡沫箱作为装成虾的容器时，要事先在泡沫箱上开几个孔。

（三）注意事项

为了提高运输的成活率，减少不必要的损失，在小龙虾的运输过程中要注意以下几点。

（1）在运输前必须对小龙虾进行挑选，尽量挑选体格强壮、附肢齐全的个体进行运输。

（2）需要运输的小龙虾要进行暂养并停食，让其肠胃内的污物排空，避免运输途中的污染。

（3）选择合适的包装材料，短途运输只需用塑料周转箱，中途保持湿润即可；长途运输必须用带孔的隔热硬泡沫箱，加冰、封口，使其在低温下运输。

（4）包装过程中小龙虾要放整齐，堆压不宜过高，一般不超过20 厘米，否则会造成底部的虾因挤压和缺氧而死亡。

第四章 小龙虾加工及综合利用

第一节　冷冻小龙虾加工工艺

一、冷冻小龙虾仁加工工艺

目前，冷冻小龙虾仁加工产品主要分为两种："冻熟带黄小龙虾仁"和"冻煮水洗小龙虾仁"，以对外出口为主，其加工工艺流程如下。

1. 冻熟带黄小龙虾仁

原料验收→清洗→蒸煮→常温水冷却→冷却水冷却→去头、剥壳、抽肠、分级→配级→称重、装袋→真空封袋→整型→速冻→金属探测→成品冻藏。

2. 冻煮水洗小龙虾仁

原料验收→清洗→蒸煮→常温水冷却→冷却水冷却→去头、剥壳、抽肠、分级→配级→一次漂洗→二次漂洗→沥水→称重、装袋→真空封袋→整型→速冻→金属探测→成品冻藏。

3. 关键加工工艺过程描述

（1）原料验收　从捕获者处接收后集中装入周转筐，然后标明运往场地、加工地点。原料虾进厂后，验收人员应验明原料产地并查看供货证明书，然后由专人进行挑选，剔除死虾、小虾等不合格产品及杂质。凡是非备案捕捞水域的原料虾，应禁止收购。该步为关键控制点。

（2）清洗　用滚筒清洗机清洗小龙虾，洗去污垢和杂质。根据客户需要，有时清洗也可分为三道程序，即冲洗、漂洗和洗虾机清洗。首先通过冲洗，将虾体表的泥沙和杂物基本冲洗干净；其次将小龙虾漂洗，将虾体表进一步清洗干净；最后通过输送带将虾送入自动洗虾机中反复冲洗，将小龙虾彻底清洗干净。

（3）蒸煮　验收合格的小龙虾经清洗后立即送入 100℃ 沸水中蒸煮至少 5 分钟。蒸煮时控制蒸煮机的转速，一般为 300 转/分钟。蒸煮时不断搅动以确保温度达到要求。该步为关键控制点。

蒸煮机的转速控制及有效蒸煮时间：大虾 7～7.5 分钟（变频器显示转速为 230～240 转/分钟），中虾 6～6.5 分钟（变频器显示转速为 270～280 转/分钟），小虾 5～5.5 分钟（变频器显示转速为 320～330 转/分钟）。蒸煮时间的实际长短应视季节、虾壳的厚度、虾体的大小等来决定。蒸煮时间过短，会造成杀菌不彻底；而蒸煮时间过长，会造成出品率降低，虾仁弹性及口感变差。

（4）冷却　煮后的虾先用常温水喷淋，使每批蒸煮的虾体中心（或小龙虾仁）温度降至 40℃ 以下，再用 2℃ 以下的冷却水冷却，使虾体中心（或小龙虾仁）温度降至 10℃ 以下。

（5）加工　加工环境保持在 15℃ 以内，手工去头、剥壳、抽肠、去黄（水洗龙虾仁），将有瑕疵的产品挑出（如不完整虾仁、直体虾仁等）。

去头、剥壳、抽肠线注意事项：轻轻去掉虾头，不要将虾头的内的内容物挤出而污染虾肉；剥壳时注意留下尾肢肉，以保持虾仁的完整、美观；抽肠要用专用镊子划开虾的背部，划缝不要超过 3 节。

（6）水洗、沥水（水洗龙虾仁适用）　验收后合格的产品进行装袋前检验再漂洗，然后沥水 15 分钟再称重、装袋、封口、整型。

（7）分级和配级　根据大小进行分配，一级虾仁 1 千克在 216～220 粒；二级虾仁 1 千克在 326～330 粒；三级虾仁 1 千克在 436～440 粒；四级虾仁 1 千克在 656～660 粒。

（8）速冻　根据不同产品，选择用单冻机或急冻库进行速冻。

单冻机和急冻库温度控制在－35℃以下。速冻后产品中心温度降至－15℃以下，进行包装。

（9）金属探测（金检）　根据客户需要，包装后的产品可通过金属探测仪验证是否达到对金属碎片的控制要求。铁质碎片的直径不超过 1.5 毫米；非铁质金属碎片的直径不超过 2.5 毫米。对未通过金属探测仪的产品，隔离并单独存放于次品容器中，等待评估处理。使用过程中，校验频率为每隔 2 小时校验一次，以确保其有效性。

（10）成品冻藏　经速冻和金检后的成品必须立即存入－18℃以下的冷库中冻藏。

二、调味整肢虾加工工艺

调味整肢虾加工产品主要为"冻熟汤（配）料整肢小龙虾"，可细分为清水原味虾（又称"美式块冻清水虾"）、国际风味虾（欧式茴香虾、美式辣粉虾等）和中式风味虾（麻辣虾、蒜蓉虾、十三香虾等），其采用的加工工艺通常如下：

小龙虾加工：原料验收→清洗→浸泡吐沙→蒸煮→臭氧水冲洗→循环水浸泡冷却→挑选、分级→摆盘→称重→装袋前检验→装袋。

汤（配）料加工：调味料验收→蒸煮→常温水冷却→冷却水冷却→输送→贮存。

成本加工：加汤（配）料→真空封袋→速冻→金属探测→成品冻藏。

调味整肢虾的加工工艺与冷冻小龙虾仁的加工工艺有部分相似，如原料验收及清洗、蒸煮、冷却、真空封袋、速冻、金属探测、成品冷藏等，但其原料虾在验收及清洗后需要浸泡吐沙，即验收合格的小龙虾经流水清洗后放置在一定比例的氯化钠、柠檬酸、小苏打溶液中浸泡吐沙 30 分钟；此外，还需添加汤（配）料，即验收合格的半成品经称重、装袋后加入预先熬制冷却好的调味汤料或配料（如食盐、白砂糖、味精、辣椒粉、花椒、大蒜、十三香等，可根据风味的不同进行调整），然后真空封口，－35℃以下急冻，最后放置于－18℃以下的冷库冻藏。

随着我国小龙虾消费市场的壮大，尤其是对即食小龙虾产品的需求越来越大，部分出口企业逐渐将目光转向国内市场，开发适合国内消费群体的调味虾产品，并采用油炸（替代蒸煮）工艺及冷链储运，但其常温保鲜保藏技术还有待研究。

第二节　虾类食品的保鲜保藏技术

一、高温杀菌技术

高温热处理是食品工业中较为常用的一种杀菌技术，不仅能够杀死致病菌和腐败菌等有害的微生物，同时也能降低酶的活性，改善食品的品质与特性，如产生特别的色泽、风味和组织状态等，提高食品中营养成分的利用率与消化率，破坏或去除食品中有害的成分和不需要的成分。此外，热处理能诱导蛋白变性，使之聚合或凝胶化。研究表明，高温高压处理时，随温度的升高，虾仁的菌落总数、颜色、硬度、pH 等均发生明显变化，高温（121℃以上）高压灭菌工艺将造成虾仁硬度、弹性、咀嚼性和风味品质等大幅下降；此外，为开发能够在常温下贮藏的即食风味小龙虾产品，开展了在不同反压杀菌温度（100/105/110/115/120℃）杀菌后，于 37℃在一个月贮藏期内即食小龙虾的菌落总数、感官评分、质构特性、色差、pH 等理化性质影响的研究，结果表明，110℃/20 分钟反压杀菌后小龙虾的质构特性、感官质量、色差值等均优于其他反压杀菌温度组，且更加符合消费者的需求。

二、低温保鲜技术

低温保鲜技术一般指是通过低温抑制酶的活性，抑制细菌的生长繁殖，是虾类食品保藏及储运过程中最常用的一种方法。合理控制加工产品的环境温度，可使虾类食品从生产到消费的整个过程中保持较好的品质。根据低温保鲜的目的和温度的不同，分为普通低温保鲜、超冷保鲜（即超级快速冷却技术，super quick chilling，简称 SC）、冷藏保鲜、冷冻保鲜等。普通低温保鲜又分为冰藏保鲜（如撒冰法和水冰法，温度范围一般控制在 0～1℃）、微冻保鲜（温度范围一般控制在 −3～−2℃）等；冷冻保鲜又称冻结保鲜（通常有−18℃和−35～−25℃两种方式）；冷藏保鲜是指零度以上（即冰点以上，温度范围一般控制在 0～10℃）的低温保鲜。研究表明，在 4℃贮藏条件下，未经冷冻处理的熟制龙虾肉货架期为 2天，而冷冻处理后的货架期可以延长至 5～6 天，且速冻处理的虾肉品质优于缓冻处理。因此采用冷冻保鲜时，常常需要借助单冻机或急冻库等低温设备将虾体快速降温至合适温度（如产品中心温度降至−15℃以下），然后保持在一定温度下（如−18℃以下的冷库中）即可较长时间冻藏。该保鲜方法既经济又有效。

三、真空包装技术

真空包装也称减压包装，是将包装容器内的空气全部抽出并密封，维持袋内处于高度减压状态，空气稀少相当于低氧效果，从而使微生物没有生存条件，以防止包装食品的霉腐及氧化变质，保持食品的色香味并延长保质期。目前生产上主要应用的有塑料袋（或盒）内真空包装、铝箔包装及其他复合材料包装等。研究表明，当包装袋内的氧气浓度≤1％时，微生物的生长和繁殖速度急剧下降；氧气浓度≤0.5％时，大多数微生物将受到抑制而停止繁殖。但真空包装不能抑制厌氧菌的繁殖和酶反应引起的食品变质和变色，因此还需与其他辅助方法结合，如腌制、冷藏、速冻、脱水、高温杀菌、辐照灭菌等保鲜防腐技术。

四、臭氧杀菌技术

臭氧（O_3）是氧气分子（O_2）的同素异形体。研究表明，常温下臭氧在水中的半衰期通常只有 20 分钟，不存在任何残留污染物，且具有广谱杀灭微生物作用，其杀菌速度较氯快 300~600 倍，是紫外线杀菌速度的 3 000 倍。在出口小龙虾加工生产环节中，常采用浓度较高的臭氧水进行杀菌，一般达到 4 毫克/升；但空气中的臭氧浓度超过一定值时，对人体会产生伤害，因此应控制小龙虾加工车间内的空气臭氧浓度<0.1 毫克/升。研究表明，臭氧水的杀菌效果明显，菌落总数的杀灭率为 94.1%（未检出大肠菌群和金黄色葡萄球菌等食源性致病菌），且臭氧杀菌的虾仁色泽、口感明显好于用氯杀菌的虾仁。此外，臭氧还有助于降解氯霉素和残留农药。

五、辐照杀菌技术

辐照杀菌技术是指利用放射性同位素（^{60}Co 或 ^{137}Cs）发出的 γ 射线或电子加速器产生的高速电子束（一般能量低于 10 兆电子伏特）或 X 射线（一般能量低于 5 兆电子伏特）等电离辐射产生的高能射线对食品进行加工处理，对食品产生强大的物理化学效应和生物效应，杀灭食品中的病原微生物及其他腐败细菌或抑制某些食品中的生物活性和生理过程，提高食品安全质量、保持食品原营养成分及风味和延长货架期，从而达到食品保藏或保鲜的目的。一定剂量的电子束辐照也可以降解和破坏虾类食品中的有害残留物，如降解氯霉素等。研究表明，γ 辐照与冷冻冷藏技术组合，可以较好地保持虾肉的化学特性，并抑制细菌生长，使虾类的保质期延长90 天，且辐照样品的总挥发性盐基氮（TVB-N）等浓度明显低于

冷冻冷藏的非辐照样品。

六、气调保鲜技术

气调保鲜技术是指通过调节和控制食品所处环境中的气体组成与比例来延长食品贮藏寿命和货架期的保鲜技术。该技术原理是在一定的封闭体系内，通过各种调节方式得到不同于正常大气组成（或浓度）的调节气体，以此来抑制引起食品品质劣变的生理生化过程（如食品成分的氧化或褐变作用）或抑制作用于食品的微生物活动过程（微生物生长繁殖等），从而达到延长食品保鲜或保藏期目的。气调技术的核心是使空气组成中的 CO_2 浓度上升，O_2 浓度下降，并配合适当的低温环境来延长食品保质期。气调包装（MAP）与贮藏温度的结合对即食虾类产品中李斯特氏菌的生长具有较好的抑制作用。研究表明，在 $3℃$ 条件下，充有 CO_2 气体的包装与真空包装相比，前者能有效控制李斯特氏菌和其他嗜冷细菌的生长繁殖，从而延长即食虾类产品的保质期。

七、生物保鲜技术

生物保鲜剂是指从动植物、微生物中提取的天然的或利用生物工程技术改造而获得的对人体安全的保鲜剂。因化学保鲜剂具有残留严重、潜在危害大等缺点，使得具有无残留、可代谢、安全性高等优点的生物保鲜剂成为现代食品保鲜的研究热点。常见的生物保鲜剂中，茶多酚具有良好的抑菌性和抗氧化性，能特异性地凝固细菌蛋白、破坏细菌细胞膜结构与细菌遗传物质结合等，从而抑制其生长，同时茶多酚含有的多酚类物质能提供还原氢，起到抗氧化作用。壳聚糖是一种安全、无毒、可食、易降解的天然保鲜剂，具有良好的成膜性和较强的抗菌性，在食品保鲜中应用广泛。ε-聚赖氨酸是一种具有高抑菌能力的保鲜剂，并且它能产生人体所必需的赖氨酸。研究表明，经复合生物保鲜剂（茶多酚、壳聚糖和 ε-聚赖氨酸）处理过的即食小龙虾在常温（25±1）℃下储藏时，可将产品货架期由对照组的 6 天延长至 15 天。

八、其他相关技术

除上述介绍的几种较为常见的虾类食品保鲜保藏技术外，还可以采用各种先进的生物、化学手段，如酶制剂保鲜技术，利用酶制剂的催化作用，防止或消除外界因素对虾类食品的不良影响，从而保持其原有的优良品质。目前应用较多的酶制剂是葡萄糖氧化酶和溶菌酶。此外，还有微波、电磁、超声波、超高压、高压脉冲电场等新型物理杀菌技术也可应用在小龙虾食品的保鲜保藏中，但目前这些技术仅停留在实验室研究阶段，还需要进一步产业化开发与应用。

第三节　软壳小龙虾的开发和利用

一、软壳小龙虾开发现状

小龙虾个大肉少，全身可食部分不足 25%，为增加小龙虾可食部分，提高其利用率，20 世纪 90 年代初，欧美一些国家的科研人员利用其生长过程中蜕壳现象，研究生产软壳小龙虾获得成功，并进行规模化生产。

美国是世界上生产软壳小龙虾最多的国家，仅路易斯安那州，年产软壳小龙虾 4.5 吨以上。其在软壳小龙虾的生产技术方面较为领先，包括工厂化的软壳小龙虾生产措施和设备的设计与建造。运用生物技术来控制小龙虾的蜕壳速度，利用小龙虾的生物学特性并结合加工的技术手段来阻止和延缓软壳小龙虾的壳硬化，从而生产批量的鲜活软壳小龙虾。然而，目前我国在这方面的研究还处于起步阶段，国内市场较大，开发前景广阔。

主要开发手段包括：①利用小龙虾蜕壳生长的自然规律，生产软壳小龙虾。虾蟹蜕壳周期一般分为 5 个阶段，即软壳期、蜕壳后期、蜕壳间期、蜕壳前期和蜕壳期。小龙虾蜕壳也有前兆，如停食、好静、活动减少等，只要掌握了小龙虾的蜕壳规律，设计出它的生长和蜕壳生活环境，就可以进行软壳小龙虾的大规模人工生产。②利用激素调控，加速小龙虾蜕壳，促进群体蜕壳同步。虾的蜕壳受到体内 X 器和 Y 器分泌的多种激素共同调控完成。X 器分泌"蜕壳抑制激素"，而 Y 器分泌"蜕壳促生长素"，因此可以通过人工切除 X 器和添加蜕壳促生长素，缩短小龙虾蜕壳周期，加速小龙虾蜕壳，促进小龙虾蜕壳同步，从而获得大批量的软壳小龙虾。

二、软壳小龙虾营养特点

软壳小龙虾的优点有：①软壳小龙虾的可食部分较普通小龙虾提高 90％以上。小龙虾蜕掉的壳约占原体质量的 54.5％，但蜕壳的小龙虾并没有损失质量的现象，因为在蜕壳过程中小龙虾身体大量吸水，最终质量仅损失了 0.08％，可忽略不计；②小龙虾在蜕壳时将整个身体的外壳彻底蜕掉，包括所有附肢、鳃和胃，因此软壳小龙虾较干净、卫生，外观也很美丽，加工更是简单，而且整个软壳虾都可以吃，营养更丰富、全面，虾头中的虾黄也可充分食用，味道更鲜美。

食用软壳小龙虾对人体的营养作用有：①食用软壳虾时不再是仅仅摄入虾肉或虾黄，而是全面利用了整虾的营养功能；②软壳虾为了长出硬壳，虾肉中必须积累足够的营养盐（如钙、磷、铁），因此软壳虾肉中的钙含量是一般硬壳虾的 2～3 倍，且软壳虾不用剥壳，因此软壳虾可以作为小孩、老年人及某些特殊人群的天然补钙类产品。

三、软壳小龙虾的保鲜和加工方法

如果不采取措施，软壳小龙虾不久就会变硬，为了保持软壳小龙虾的风味，必须对其进行保鲜处理。主要方法有：①速冻保存，最简单的方法是将软壳小龙虾放在－18℃以下的环境中速冻保存，这样可以较为方便地做到随时取出加工食用；②鲜活保存，将软壳小龙虾暂养在10℃以下的水体中，可保持软壳一周不硬化。

由于小龙虾蜕壳前会停食几天，胃肠道趋于排空，因此整个身体较为洁净，只要稍微加工就可以食用。为了安全起见，建议不要生吃软壳小龙虾，且食用时需注意将虾胃中的两块钙石吐出。主要加工方法有：①红烧或油炸1～2分钟，然后拌上作料就可以食用；②可以加工成面包虾，长期冷冻保存。

第四节　小龙虾加工副产物的综合利用

一、甲壳素的综合利用

甲壳素（chitin）又名甲壳质、几丁质、壳多糖、壳蛋白，是自然界第二大丰富的生物聚合物，仅次于植物纤维。甲壳素是甲壳动物（如虾蟹类）外骨骼和真菌类（蘑菇等）细胞壁的重要构成成分。甲壳素有 α、β、γ 三种晶型，其中 α-甲壳素最丰富，也最稳定。由于大分子间强的氢键作用，导致甲壳素成为保护生物的一种结构物质，结晶构造坚固，一般不熔化，不溶于水，也不溶于一般的有机溶剂，仅仅溶于浓盐酸、磷酸、硫酸、乙酸等，其化学性质非常稳定，因此，甲壳素若不进行脱乙酰化，其应用将非常有限。甲壳素若脱去分子中的乙酰氨基，则可以进一步转化为可溶性甲壳素（chitosan）［或称壳聚糖（壳聚胺、几丁聚糖）］，溶解性大为改善，且吸湿性较强，仅次于甘油，高于聚乙二醇和山梨醇。在吸湿过程中，分子中的羟基、氨基等极性基团与水分子作用而水合，分子链逐渐膨胀，随着 pH 的变化，分子链从球状胶束变成线状，具有很好成膜性、透气性和生物相容性，无毒且可生物降解，因而其应用范围变得十分广阔，在工业、农业、医药、化妆品、环境保护、水处理等领域有极其广泛的用途。

小龙虾加工过程中产生大量的副产物，如虾头、虾壳及少量的内脏，鲜湿虾壳的成分组成大致为水分 68.1%，灰分 17.0%，总类脂 0.9%，蛋白质 8.5%，甲壳素 5.5%；而干虾壳则为粗蛋白 29.6%，粗脂肪 7.02%，钙 13.32%。对小龙虾加工后废弃头、壳的综合利用已有一些相关报道，其中虾壳可用于提取甲壳素、壳聚糖及氨基葡萄糖盐酸盐等，下面我们简要介绍一下甲壳素及其衍生物的综合利用。

自然界中的甲壳素大多数总是和不溶于水的无机盐及蛋白质紧密结合在一起。人们为了获取甲壳素，往往将甲壳动物的外壳通过化学法或微生物法来制备，微生物法虽然在制备工艺上更绿色环保，但在产业化应用方面还有待进一步提升。因此，目前在工业化生产中主要还是采用化学法。小龙虾外壳经过酸碱处理，脱去钙盐和蛋白质，然后在强碱、加热条件下脱去乙酰基就可得到应用十分广泛的可溶性甲壳素（壳聚糖），典型的甲壳素和壳聚糖制备工艺流程见图 4-1。

氨基葡萄糖盐酸盐的制备：甲壳素被浓酸或浓碱水解后生成 α-氨基葡萄糖，可用于纺织品的防皱和防缩处理、直接染料或硫化染料的固色、涂料印花的固着、木材的胶合以及防雨篷布的上浆等，也可用作制人造纤维和塑料等的原料。以浓盐酸水解为例，从虾壳中制备氨基葡萄糖盐酸盐的工艺流程见图 4-2。

类脂、蛋白质和无机盐的制备：采用丙酮可以从湿虾壳中提取

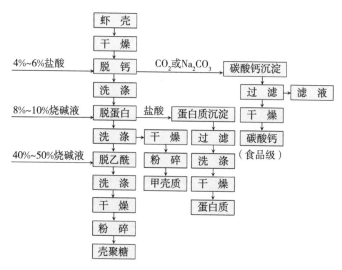

图 4-1 典型的甲壳素和壳聚糖制备工艺流程

（陆剑锋等，2006）

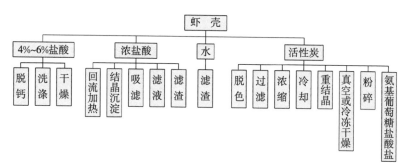

图 4-2 氨基葡萄糖盐酸盐制备工艺流程

（罗梦良和钱名全，2003）

类脂，并在制取甲壳素的过程中采用沉淀法回收蛋白质和无机盐，其工艺流程见图 4-3。

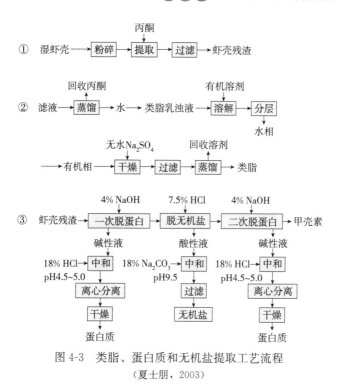

图 4-3　类脂、蛋白质和无机盐提取工艺流程

（夏士朋，2003）

二、虾头的综合利用

已有的研究表明，虾头中含粗蛋白 13.13％，粗脂肪 4.50％，无氮浸出物 8.54％，甲壳质 10％～15％，壳聚糖 7.5％，还有含 DHA 和 EPA 的虾油、虾青素，以及各种氨基酸和维生素等有益营养素，下面列举几项综合利用工艺进行说明。

虾调味料的制备：虾头经蛋白酶水解后可制成营养丰富、具有保健功能的调味品（如虾油和虾粉，见图 4-4），又可作虾味食品的添加剂。

虾青素的制备：从虾头中提取虾青素的方法有直接加热离心法、有机溶剂萃取法、发酵法以及酶解后豆油提取法等，下面列举

89

其中的一种酶解法，见图 4-5。

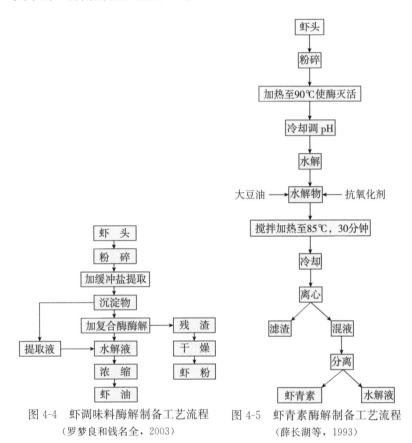

图 4-4　虾调味料酶解制备工艺流程
（罗梦良和钱名全，2003）

图 4-5　虾青素酶解制备工艺流程
（薛长湖等，1993）

三、其他综合利用途径

　　小龙虾加工副产物的综合利用途径主要有通过酶解、过滤和分馏技术等生产虾油、虾调味品和虾味素，利用化学处理、生物发酵和超临界技术等提取虾青素、甲壳素等，这些物质均有良好的抗氧化、免疫调节、抗癌、延缓衰老等功效。近年来，小龙虾副产物加工取得了显著进展，形成了甲壳素（又称甲壳质、几丁质）、壳聚糖

（又称脱乙酰甲壳素）、几丁聚糖胶囊（又称甲壳素胶囊）、水溶性几丁聚糖、羧甲基几丁聚糖、甲壳低聚糖（又称甲壳寡糖）等系列产品，产品出口日本、欧美等国家和地区。甲壳素生产已成为一个新兴产业，虾壳中甲壳素含量为 20％～30％，无机物（碳酸钙为主）含量为 40％，其他有机物（主要是蛋白质）含量为 30％左右。此外，我国各种甲壳类产品年产量达上千万吨，按 40％废弃物计算可制得甲壳素数十万吨，其资源挖掘潜力巨大。据不完全统计，仅湖北和江苏两省相关龙头企业，甲壳素及其衍生产品的年产值就已超过 25亿元。

　　小龙虾加工副产物富含各种微量元素，加工发展潜力巨大。因此，从营养角度来看，可从副产物中提取各种有效且有益的成分，浓缩制成专供运动员及老幼体弱者饮用的无激素饮料、冲剂、口服液等；或与中西药配伍，制成某些专用的片剂、针剂等药品。此外，已有国外学者从虾蟹类的甲壳中提取出天然色素——类胡萝卜素，类胡萝卜素是人体内维生素 A 的主要来源，具有抗氧化、免疫调节、抗癌、延缓衰老等功效。鉴于此，开发利用副产物是变废为宝的极好途径。总之，加工技术的突破必将带动小龙虾产业由粗放加工型向精深加工型方向转变。

第五节　小龙虾的烹饪方法

一、小龙虾的挑选

　　挑选时，应选择鲜活体健、爬行有力的小龙虾。手抓活虾时，其双螯张开，展现出一副与人决一雌雄的架势，此为好虾。通常雌虾比雄虾好，青壳虾比红壳虾好，个大的比个小的好。

二、小龙虾烹饪前的清洗

第一步，采购回来的小龙虾，先倒在盆里吐污，让它自由爬行，通过运动呼吸，吐出泥土；第二步，剪掉触须和大钳后面的爪子；第三步，将剪好的龙虾放入盆内，注入流动的活水，让虾不断地吸水，冲走虾体内排出的污水，一般要30分钟；第四步，洗刷，把小龙虾逐个用毛刷在水中洗刷，腹部容易藏有污物，要特别多刷几次；第五步，清洗，将洗刷好的小龙虾放进清水，配上微量洗洁精，搓洗后捞出再用流水冲洗干净。

三、小龙虾烹调的主要菜品

1. 盱眙十三香小龙虾

（1）材料 洗净的小龙虾、生姜片、大蒜瓣、青辣椒（切成碎块）、葱段、十三香龙虾调料（每2千克小龙虾用料50克左右）、啤酒。

（2）烹饪 取锅烧热，放入菜籽油（菜籽油清凉、解毒），油热时放入花椒，炸出香味后捞出花椒，再放入葱、姜，炸出香味，倒入小龙虾。用铲、勺翻炒小龙虾，炒到发黄时放入料酒，接着炒，随后放入红醋，待有香味发出即可。然后加入啤酒、盐、味精、糖、辣椒粉，大火烧开，放入十三香龙虾调料，小火炖10分钟。待汤汁快要烧干入味时，放入青椒块、葱、蒜，烧5分钟，浇上麻油（麻油具有香味，滋润咽喉）即可出锅（彩图58）。

2. 油焖小龙虾

（1）材料 洗净的小龙虾、大蒜、生姜片、大葱段、辣椒、八角、胡椒、茴香、桂皮、香叶、啤酒、白糖、白醋、老抽酱油、料酒、食用油、浓缩鸡汤料。

（2）烹饪 锅烧热，加油，烧至八分热，倒入生姜、蒜头、辣椒、花椒，炒出香味。这个菜之所以称为"油焖"，特色就在于用油量比较大，1.5千克虾约用油0.25千克。将虾入锅，大火翻炒，依次烹入白醋和料酒，然后下老抽酱油少许着色，放胡椒粉适量翻炒。虾微变色后，将所有准备好的香料投入，继续翻炒，将香料与虾炒匀。然后放入适量白糖，最后将浓缩鸡汤料投入炒匀。倒啤酒，将虾略没过即可，火打到中小火状态，盖上锅盖，焖15分钟左右。注意隔5分钟左右翻一次锅，使之入味均匀。汤汁快干时，拿掉锅盖，继续翻炒片刻，待汤汁收干，投入葱白或香菜即可装盆（彩图59）。

3. 盐水原汁虾

（1）材料　洗净的小龙虾、青椒、葱段、姜片、盐、味精、色拉油、啤酒、麻油、高汤。

（2）烹饪　锅置旺火烧热，冷油滑锅，并留底油；炒香葱、姜后倒入龙虾，炒至变色，注入高汤，大火煮沸，改中火烧10分钟；调味、烹入啤酒，投入青椒块焖约2分钟起锅，淋上麻油，装盆即可（彩图60）。

4. 椒盐小龙虾

（1）材料　洗净的小龙虾、椒盐、洋葱、大蒜、姜片、葱白、青辣椒、黄酒、色拉油。

（2）烹饪　油炸锅中倒入适量色拉油，略多一点，油烧热后，把小龙虾分批放进锅里炸，炸至颜色变红，小龙虾须变弯曲，即可捞出控油，炸完后可再炸一次。另取一锅，加入适量油加热，爆香葱姜蒜，然后加入洋葱、青红辣椒，翻炒至洋葱微软，加入炸好的小龙虾翻炒，加入适量盐、椒盐（量稍大些）调味，然后出锅装盘（彩图61）。

第五章
小龙虾绿色高效养殖实例

第一节 梅溪草滩家庭农场小龙虾精养与稻田养殖结合实例

一、基本信息

梅溪草滩家庭农场位于浙江省湖州市安吉县梅溪镇华光村，该农场区域总面积314亩，其中养殖区面积200亩，包含稻虾共生120亩，苗种培育60亩和尾水治理20亩。主要开展的养殖模式是小龙虾＋青虾稻田综合种养和小龙虾池塘精养两种模式。截至2019年年底，已带动周边（梅溪镇、天子湖镇、递铺镇等）26户发展稻虾综合种养，面积达到3 000余亩，产值可达2 400万元。主要做法是在保证自己养殖生产所需苗种后，供应苗种给周边养殖户。在开展好养殖和技术服务的同时，建立了小龙虾科普馆，组织开展农旅结合发展，承办了2019年安吉县梅溪镇第二届龙虾文化节，获得了湖州市现代农业园区、湖州市十佳家庭农场等称号。小龙虾池塘精养模式与其他池塘精养模式无太大差别，本节着重介绍其稻田综合种养模式（彩图62、彩图63、彩图64）。

二、技术要点

（一）稻田选择与改造

稻田要求水源充足、水质清新、溶解氧充足、无污染、进排水方便。以黏壤土为好，田埂加宽、加高，沿田埂内四周挖 1.5～2 米宽的环沟，同时在主干道到田头留 2 米宽的通道，便于收割机作业。稻田面积不宜过大，一般 3～8 亩为宜，长方形、东西向。按照高灌低排的格局，建好进排水渠，进排水口加装 60～80 目的筛绢过滤网，防止野杂鱼及鱼卵随水流进入池中。小龙虾逃逸能力较强，必须做好防逃设施。通常用网片、钙塑板沿田埂四周架设防逃设施，防逃网高 40 厘米，以免敌害生物进入和小龙虾逃逸。

（二）清塘消毒

（1）生石灰消毒　干法消毒：每亩用生石灰 70 千克，化水全池泼洒，有条件的再用钉耙翻一翻，经过一周晒田后，注入新水。带水消毒：每亩水面按水深 1 米计算，用生石灰 130 千克溶于水中后，全池均匀泼洒。

（2）漂白粉消毒　将含有效氯 30% 的漂白粉完全溶化后，全池均匀泼洒，用量为每亩 25 千克。

（三）栽种水草

水草在小龙虾养殖中很重要。水草可作饵料供小龙虾摄食，为小龙虾补充大量维生素；可以防风浪，吸收水体中部分有害物，净化水质，平衡水体环境；能为幼虾、蜕壳虾提供隐蔽、栖息场所，减少以强欺弱现象的发生。一般水草种植面积占池塘总面积的 50%～60%。品种可选择低秆芦苇、伊乐藻、轮叶黑藻、水葫芦、水花生等。

(四) 小龙虾放养

放养小龙虾前施适量有机肥, 培育饵料生物, 能为虾入池后直接提供天然饵料。选用发酵过的有机肥料, 用量为 400 千克/亩, 保持池水相应的肥度, 一般透明度保持在 35 厘米左右。小龙虾苗种投放分为春季投放和秋季投放。春季投放养成虾, 2 月中下旬每亩投放体长 3～5 厘米的幼虾 1.5 万～3 万尾。秋季投放亲虾, 9 月前后每亩投放 500 尾经人工挑选的小龙虾亲虾, 雌雄比例 3∶1。要求规格整齐、附肢齐全、无病无伤、一次放足。放养前用 5% 食盐水洗浴 5～10 分钟, 杀灭寄生虫和致病菌。外购的虾种, 入塘前应将苗种在池水内浸泡 1 分钟, 提起搁置 2～3 分钟, 再浸泡 1 分钟, 如此反复 2～3 次, 让苗种体表和鳃腔吸足水分后再放养, 可以提高成活率。

(五) 饲养管理

小龙虾为杂食性动物, 在不同阶段应配合使用动物性饲料、植物性饲料及各种人工饲料。动物性饲料主要有小鱼碎块、干鱼粉、螺蚌肉等; 植物性饲料主要有菜籽饼、豆粕、麸皮、玉米、南瓜和水草等。小龙虾多昼伏夜出, 在夜里活动觅食是它们的习性。投喂饲料要坚持每天 10∶00 和 16∶00 各 1 次, 下午投喂量占全天投喂量的 70% 左右。一般每 20 天用生石灰化水泼洒 1 次, 每次生石灰用量 10 千克/亩。保持水草正常生长和一定的覆盖面积。尽量保证小龙虾集中蜕壳时周边环境保持安静, 蜕壳后增加投喂动物性适口饲料, 减少互相残杀现象的发生。汛期要加强检查, 严防小龙虾逃逸。

(六) 捕捞

小龙虾的捕捞工具以地笼为主, 具体的操作方法是在池塘中靠近水草的地方设置地笼, 扎紧地笼两头, 待第二天从地笼中收取达到商品规格的小龙虾。另外可用手抄网捕捞或放干池水后用手捕获小龙虾。小龙虾捕捞可采用捕大留小、轮捕轮放的方式，利于提高产量。

（七）晚稻、青虾共生

6 月中旬小龙虾捕完后，清理水田杂草。平整后，每亩施底肥 20 千克，采用机械插秧种植晚稻，品种选择抗病、抗倒伏、高产的"浙粳 88"单季晚稻新品种。每亩放养 2～3 厘米的青虾苗 1.5 万尾，可适当搭配一定规格的泥鳅、草鱼苗等。根据青虾生长情况及天气因素，灵活控制投喂量，以颗粒饲料配米糠、麸皮等泼洒投喂，其间每隔半月用大蒜素拌饵，预防病害。

（八）水质管理

水体透明度应保持 25～30 厘米，保持良好的水色，酌情换水，每次换水量不超过 20%，一般间隔半月以上，全池泼洒生石灰 5 千克，高温季节应定时定期勤开增氧机。勤巡塘，检查水环境变化及虾类活动、饲料摄食等情况，及时调整投饲量，调节水质，并做好日常记录。

（九）起捕

11 月中下旬收割水稻，12 月上旬起捕青虾，在田块周围的环沟内设置虾笼，凌晨收捕，做到适时张捕、捕大留小、分档聚集，确保鲜活虾上市，提高经济效益。

三、效益分析

以 2018 年的生产为例，120 亩稻虾共生：种苗 60 千克/亩，产值 3 600 元/亩；商品虾 100 千克/亩，产值 6 000 元/亩；秋苗（亲本）35 千克/亩，产值 2 100 元/亩；稻米 225 千克/亩，产值 1 800 元/亩；亩产值 13 500 元，总产值 162 万元。

60 亩精养区：种苗 120 千克/亩，产值 7 200 元/亩；商品虾

100 千克/亩，产值 6 000 元/亩；秋苗（亲本）35 千克/亩，产值
2 100元/亩；亩产值 15 300 元，总产值 91.8 万元。

2018 年农场总产值达到了 253.8 万元，总利润 150 多万元。

第二节　全椒县银花家庭农场稻虾共生
生态循环种养模式

一、基本情况

全椒县银花家庭农场于 2015 年注册成立，以稻虾共作、常规
鱼类养殖及优质粮生产为主营产业，位于全椒县十字镇百子村，是
全椒县稻虾综合种养主产区，农场现经营耕地面积 1 629 亩，地平
田大，土壤肥沃，水利设施完善，适宜规模化发展稻渔综合种养；
农场现有家庭成员 3 人，长期雇工 5 人，专业技术人员 3 人。农场
建有办公、培训场所 150 米^2，并配置电脑、投影仪等办公、培训
设备。农场以"龙虾养殖—成虾销售—水稻种植、亲虾选育—水稻
收获—亲虾繁育—龙虾养殖"的稻虾共生生态循环种养模式，实现
"一水两用、一田双收、稻虾两优"。2017 年，农场生产优质"虾
稻米"500 吨，小龙虾（含种苗）250 吨。新华网、人民网、市县
电视台、中国水产养殖网等媒体记者多次报道农场发展及带领乡亲
和贫困户发展稻虾种养增收致富脱贫的事迹（彩图 65、彩图 66、
彩图 67）。

二、模式创新

全椒县银花家庭农场根据小龙虾和水稻的生物学特性，总结提
出了"改好田、种好草、培好水、投好苗、精管理、衔好茬、早上
市"的 21 字稻虾综合种养模式，积极推广应用微生物制剂，通过微

生物制剂改良水质，减少鱼虾类病害的发生，杜绝了渔药的使用；在生产过程中严格按照无公害生产技术操作规程，积极使用有机肥，减少使用无机肥直至不使用无机肥，水稻在生产过程中采用生物防治病虫害，不使用农药，生产的产品达到无公害标准。养殖场生产的产品均通过了无公害产地、产品认证。同时对周边养殖户开展技术服务，全年服务农户 200 多户，起到了示范带动作用。

三、经营特色

在稻虾综合种养过程中制定技术标准，应用稻虾标准化生产技术，建立苗种繁育供应、生产管理、流通加工、产品销售等关键环节的产业化配套服务体系。与农机、农事服务商建立合作关系，及时提供机械化耕、种、收、烘和病虫害防治等社会化服务。按照生态系统物质循环的原理组织稻虾综合种养，科学改造稻田，减肥控药，秸秆全量还田。通过努力，银花家庭农场创建了"百子银花虾稻米"品牌和"银花牌"小龙虾品牌，成为国家级、省级稻渔综合养殖示范区和农业农村部水产养殖健康示范场，是合肥"龙虾节"指定的小龙虾生产基地和安徽省水产产业技术体系试验示范基地。所产的"银花"牌生态小龙虾、生态虾稻米先后荣获第二届中国际现代渔业暨渔业科技展览会金奖、中国安徽名优农产物暨农业产业化交易会参展产品金奖。农场负责人张银花也先后获"滁州市科普惠农兴村带头人"和"全椒县科普带头人"称号。

四、效益分析

全椒县银花家庭农场核心区稻虾共生 700 亩，年产水稻 385 吨，小龙虾 105 吨，产值 470 万元。此外，全椒县银花家庭农场积极主动为周边农户提供稻渔综合种养技术咨询和培训服务，联系和示范带动周边养殖户 300 户以上，发展稻虾综合种养 8 000 多亩，直接带动农民参与种养 500 多人，从业人员人均年收入达 6 万元。

第三节 小龙虾稻田综合种养"江十月模式"

一、基本情况

无为江十月生态农业有限公司位于无为县陡沟镇，成立于2015年（前身是拥有30多年历史的水产养殖场）注册资金2 000万元。公司管理人员80%是30岁左右的年轻人，其中有4人是本科、大专学历。现有水产养殖面积560亩，虾稻综合种养面积1 800亩，其中小龙虾秋繁苗场550亩。公司下设生产基地部、生产资料农产品供销部、社会化服务部、网络部和财务部五个部门。主要经营范围有生态优质虾稻香米、优质小龙虾、生态稻虾种养技术服务、生态稻虾产业人才技能培训、虾稻米产业电商销售与互联网推广服务和餐饮旅游、垂钓休闲等。采用公司+合作社+家庭农场+种养大户，产供销技术网络服务一体化的运作模式，目前带动稻虾产业种养规模4.2万余亩，统一苗种，统一技术，统一管理，统一销售。无为江十月生态农业有限公司致力于小龙虾产业14年，经过考察、研究和实践，独创了稳定高效的"江十月"虾稻综合种养模式（彩图68、彩图69、彩图70），具体如下。

二、技术要点

（一）池塘开挖

池塘适宜选择水源较好，交通便利，硬质土壤的水稻田。开挖标准：单块面积10～50亩，长方形，三周开挖环沟，沟深0.6～1米，沟宽4米，埂高1.2米，坡比1:2。

（二）栽种水草，培养池塘生态环境

10 月底，水稻收割完毕后，上水并开始移栽伊乐藻，每亩用鲜草种 15～25 千克。同时肥水培藻＋培育有益菌，加速稻草发酵腐化，控制青苔，培养池塘微生物链，营造小龙虾生长的最佳环境。

（三）投放虾苗

清明前后，池塘水草覆盖率达到 40％左右，每亩投放优质虾苗 5 000～7 000 尾。虾苗优选本地区运输路途不超过 4 小时的原塘苗。小爪青红虾苗最佳。同时要注意虾苗入池前的消毒和抗应激等处理措施。

（四）投喂＋消毒＋改底改水

小龙虾苗入池塘 24 小时后即可开始投喂，根据天气、气温等不同情况合理投喂优质小龙虾配合饲料。投饵率为 1％～5％。07：00—09：00 投喂 30％，傍晚投喂 70％。4—7 月，每 7～10 天消毒 1 次，10～15 天改底改水各 1 次。

（五）日常管理

定时巡塘，做好巡塘笔录，仔细观察记录小龙虾活动和吃食情况，注意驱赶小龙虾的天敌，如水鸟、老鼠、青蛙等。合理掌控池塘排灌水，保持田面水位 30～60 厘米，并随气温升高而逐步加深水位。人员配备方面，每 200 亩配备队长 1 名，小工 3 名，严格实行分工负责和奖惩制度。

（六）小龙虾起捕

小龙虾经过 25～40 天的精心饲养即可达到商品虾规格，开始起捕销售。起捕时，每 10 亩配备固定大地笼 6 条，可挪动小地笼 20～30 条，通常周五、周六增加起捕量，周一、周三减少起捕量。

根据市场行情，合理调控起捕数量，售出好价格。

（七）栽种水稻

6月中下旬小龙虾起捕结束，少量没捕捞上来的留环沟中作为种虾。开始耙田，移栽水稻。选择优质杂交稻（徽两优、香两优等），合理密植。由于养殖小龙虾的稻田比较肥沃，不需要施用化肥。同时除草和病虫害防治采用生物防治法，对环沟中剩余的小龙虾和种养区域人畜均无毒害。所产稻米有机质含量高，具有天然无公害品质，所以虾田稻米价格比普通稻米价格要高很多。

三、效益分析

（一）龙虾养殖效益分析

1. 成本

虾苗6 000~8 000尾，1 200元；饲料100千克，500元；药品260元；人工费用340元；其他费用700元，合计3 000元。

2. 产值及利润

亩产值：商品虾150千克×40元/千克＝6 000元。养殖小龙虾亩纯利润：3 000元。

（二）水稻种植效益分析

成本：田租500元/亩，其他费用500元/亩，合计1 000元/亩。

虾稻米产值及利润：稻米300千克/亩×9.0元/千克＝2 700元/亩，水稻纯利润为1 700元/亩。

第四节　巢湖市高瑞"一水三用"综合种养模式

一、基本情况

巢湖市高瑞农业科技发展有限公司位于安徽省巢湖市炯炀河镇，始建于2015年，养殖基地总面积1 300多亩，主要运用生态学原理，合理利用多种资源，把循环流水养鱼系统移进虾稻连作的田间，进行"鱼、虾、稻综合种养"，达到"一水三用"种养循环利用的目的，此举有效解决了池塘循环水养鱼水质污染的问题，生态效益、经济效益十分显著（彩图71、彩图72）。

二、技术要点

（一）田间工程建设

1. 循环流水养鱼系统

在虾稻连作的稻田旁建成6个循环流水养殖池，养殖黄颡鱼。每个鱼池长22米，宽5米，水深2米。相关技术参数参考循环流水养鱼系统建设技术。

2. 稻田的选择

养殖小龙虾的稻田，应选择水源充足，水质良好，雨季水多不漫田、旱季水少不干涸，无有毒污水、无低温冷水流入的田块，稻田水利工程设施配套齐全，有一定的灌溉条件，低洼稻田更佳。土质要肥沃、保水能力要强，矿质土壤、盐碱土以及漏水、土质贫瘠的稻田均不宜养虾。稻田面积十几亩至几十亩均可。稻田周围没有高大树木，通水、通电、通路。

3. 开挖虾沟

养虾稻田田埂要相对较高，正常情况下要能保证环沟内50～

80 厘米的水深。在稻田四周开挖环形沟，面积较大的稻田，还应开挖"田"字形或"川"字形的田沟。环形沟距田埂 1 米左右，环形沟上口宽 4 米以上，底宽 1.6 米，深 1.2 米；田间沟宽 1.5 米，深 0.5～0.8 米，坡比 1∶2，沟的总面积占稻田面积的不超过 10%。将开挖环形沟的泥土垒在田埂上并夯实，确保田埂高 1.0～1.2 米，宽 2.0 米以上，田埂加固时每加一层泥土都要打紧夯实，要求做到不裂、不漏、不垮，在满水时不能崩塌跑虾。

4. 防逃设施

用聚乙烯网布沿田埂四周设置防逃设施。进排水口应用双层密网防逃，同时防止蛙卵、野杂鱼卵及幼体进入稻田危害蜕壳小龙虾；同时为了防止夏天雨季堤埂被水冲毁，稻田应开一个溢水口，溢水口也应用双层密网过滤，防止小龙虾趁机逃走。

（二）放养前的准备工作

1. 及时杀灭敌害生物

放虾前 10～15 天，清理环形虾沟和田间沟，除去浮土，修整垮塌的沟壁，每亩稻田环形沟和田间沟用生石灰 20～50 千克和 20 千克茶粕进行彻底消毒。

2. 种植水草

营造适宜的生存环境，在环形沟及田间沟种植水草，如伊乐藻、菹草、苦草等，但要控制水草的面积，一般水草占虾沟面积的 50%，以零星分布为好，这样有利于虾沟内水流畅通。田面上种植伊乐藻，每隔 3 米旋耕 3 米，在旋耕区内按株距 1 米、行距 1.5 米栽种伊乐藻。

3. 施足基肥

为保证小龙虾有充足的活饵，可在水稻收割后、种草前，每亩施发酵腐熟的农家肥（或沼液、沼渣）300 千克或高品质有机肥 200 千克左右，确保水质"肥、活、嫩、爽"。

（三）水稻栽培

1. 水稻品种选择

水稻品种选择经国家审定适合本区域种植的优质高产高抗的品种，生长期要短，不超过 135 天为好，常用的品种有丰两优系列、新两优系列等。

2. 育苗和秧苗移植

全部采用肥床旱育模式。秧苗插秧一般在 5 月下旬，人工插秧秧龄 30～35 天，机械插秧秧龄 15 天左右，移栽时水深 3 厘米左右，采取宽窄行条栽（宽行 40 厘米，窄行 20 厘米）与边行密植相结合的方法。

（四）小龙虾放养

不论是放养当年虾种还是抱卵的亲虾，都力争一个"早"字。早放既可延长虾在稻田中的生长期，又能充分利用稻田施肥后所培养的大量天然饵料资源。

根据不同的市场行情，可选择不同的小龙虾放养方式。一是放养种虾，每年的 7—8 月，在中稻收割之前一个半月左右，将经过挑选的小龙虾亲虾（雄虾和雌虾来自不同的水体更好）放养在稻田的虾沟内，让其自行繁殖，雌雄比例 2 ∶ 1，每亩放养 10～15 千克；二是投放抱卵亲虾，每年 8 月至 9 月中旬早稻和中稻收割后，立即灌水，之后往稻田中投放抱卵亲虾，规格为 20～30 尾/千克，每亩放 10～15 千克；三是投放幼虾，以放养当年人工繁殖的幼虾为主，投放规格为 100～200 尾/千克，每亩环沟投放 30 千克左右。虾苗运输距离越近越好，且运输时间最好不要超过 2 小时。

（五）水位调节

水位调节是稻田养殖小龙虾过程中的重要一环，应以稻为主。在小龙虾放养初期，田水宜浅，保持在 10 厘米左右。随着虾不断长大，小龙虾生长和水稻的抽穗、扬花、灌浆均需要大量水，此时可将田水逐渐加深到 20～25 厘米，以确保虾和稻的需水量。排水烤田时，排水要慢，以便田中间的小龙虾能顺利下到田沟。

(六) 投饵管理

通过施足基肥，培育足量的枝角类、桡足类及底栖生物供小龙虾摄食。10 月，虾苗离体时，可补充泼洒豆浆。3 月每亩稻田可放养螺蛳 15～25 千克，既作为饵料，又用于改底。移栽足够的水草，为小龙虾生长发育提供丰富的天然饵料。

一般情况下，直接投喂优质配合饲料，也可以按动物性饲料40% 和植物性饲料 60% 的配比进行投喂。投喂按照定时、定点、定质、定量原则进行，每天上午、下午各投喂 1 次，以下午的投喂为主。日投喂量为虾体重的 4%～7%。每天检查虾的吃食情况，当天投喂的饵料在 2～3 小时吃完的可适当增加投喂量，如第二天仍有剩余，则适当减少投喂量。

(七) 捕捞收获

稻谷的收获一般采取收谷留桩的办法，稻谷收获后，将水位提高至 40～50 厘米并适当施肥，促进稻桩返青，为小龙虾提供庇荫场所及天然饵料。稻田虾的捕捞在 4—9 月均可，具体起捕时间可根据市场行情和养殖需要灵活掌握，在捕捞前期捕大留小，7—8月捕小留大。

三、效益分析

以 2017 年的养殖生产为例，基地总面积 1 300 多亩，生产小龙虾 12.5 万千克，生产稻谷 51 万千克。其中，小龙虾销售出 9 万千克，小龙虾和稻谷的总收入达 500 多万元；黄颡鱼生长良好，总产量 5 万千克，产值 120 万元。

第五节　庐江县清水湖生态农业有限公司小龙虾河蟹混养模式

庐江县清水湖生态农业有限公司原来是经营莲藕种植的公司，总面积 3 800 亩，2015 年后由于莲藕价格下跌，选择 400 亩藕池开始进行小龙虾河蟹混养模式探索，初步取得良好收获，现总结如下。

一、放养前准备工作

2016 年下半年，投入 35 万元进行改造，中间为平台，四周开沟，沟宽 3 米，深 1.2 米。2017 年 3 月，种植轮叶黑藻和苦草，每亩播种 7.5 千克轮叶黑藻草芽和 1 千克苦草种子，在田边处种植少量的伊乐藻，田里原有螺蛳较多，无须专门投放。

二、河蟹和小龙虾放养

2017 年 2 月购进蟹种，规格为 170 只/千克，放在蟹种暂养池中暂养。4 月 20 日结束暂养，密度为 600 只/亩。2017 年 4 月，每亩放小龙虾 10 千克，规格为 90 尾/千克，虾种来自庐江县，质量较好。

三、饲料投喂

蟹和小龙虾均投喂天邦蟹料，早期投喂饲料的蛋白含量为 36%，后期投喂饲料的蛋白含量为 32%，7 月投喂小鱼加饲料，9 月投喂玉米加小鱼。

四、日常管理

夏季加水，每 15～20 天加水 1 次；每月用一次底质改良剂改良底质；夏季清除池边伊乐藻。

五、效益分析

2017 年放养的小龙虾，于 7 月 15 日开始捕捞收获，捕捞至 10 月底。小龙虾规格较大，大多数规格超过 40 克/尾，最大规格 95 克/尾。7 月价格 64 元/千克，8 月价格 80～84 元/千克，9 月价格 54～56 元/千克，小龙虾产量 27.5 千克/亩。9 月 25 日开始河蟹捕捞，11 月为收获高峰期，公蟹规格多数为 225～250 克/只，母蟹 100～190 克/只，均价 100 元/千克。扣除成本，亩利润约 2 000 元。

六、意见与建议

小龙虾河蟹混养模式是个有益的探索，初步取得了成功，但技术模式尚不成熟，有很多问题需要分析、总结和改进。依据庐江县清水湖生态农业有限公司实践经验，应注意以下几个方面。

（1）种好水草是重点，5—7 月，应使轮叶黑藻迅速生长为河蟹、小龙虾创建躲避的空间。投饵要充足，避免小龙虾互相残杀。

（2）不一味追求小龙虾高产，适宜亩产为 25～30 千克，力求小龙虾在价格比较高的 7—8 月上市；河蟹亩产达到 35～50 千克即可，或者稍高，以保证河蟹规格较大。

（3）转换思维，考虑上半年主抓小龙虾饲养的模式，即种好水草，充分利用小龙虾的生物学习性，3 月底至 4 月初加大小龙虾放养量，强化饲料投喂，提高小龙虾产量，5 月开始大捕，每亩产量可达到 100 千克甚至更高；河蟹幼蟹可以采取集中暂养后分池，在田中上半年采用围网将蟹隔离，待小龙虾捕捞后撤除围网。

参 考 文 献

顾志敏，李飞，李喜莲，等，2018. 小龙虾无公害安全生产技术［M］.
　　北京：化学工业出版社.

黄鲜明，朱俊杰，李飞，等，2011. 小龙虾室内人工育苗技术［J］. 安徽
　　农学通报，17（12）：72，79.

梁宗林，孙骥，陈士海，2008. 淡水小龙虾健康养殖实用新技术［M］.
　　北京：海洋出版社.

罗静波，曹志华，温小波，等，2015. 亚硝酸盐氮对克氏原螯虾仔虾的急
　　性毒性效应［J］. 长江大学学报（自科版），2（11）：64-66.

吕建林，2006. 小龙虾繁殖生物学及胚胎和幼体发育研究［D］. 武汉：
　　华中农业大学.

唐建清，周凤健，2014. 淡水小龙虾高效生态养殖新技术［M］. 北京：
　　海洋出版社.

吴启柏，2012. 潜江市小龙虾产业发展现状及对策研究［D］. 荆州：长
　　江大学.

FAO. Cultured Aquatic Species Information Programme［EB/OL］.［2020-12-01］.
　　http：//www.fao.org/fishery/culturedspecies/Procambarus＿clarkii/en.

图书在版编目（CIP）数据

小龙虾绿色高效养殖技术与实例／农业农村部渔业渔政管理局组编；李飞主编．—北京：中国农业出版社，2022.6

（水产养殖业绿色发展技术丛书）
ISBN 978-7-109-27914-8

Ⅰ.①小… Ⅱ.①农… ②李… Ⅲ.①龙虾科－淡水养殖 Ⅳ.①S966.12

中国版本图书馆 CIP 数据核字（2021）第 022946 号

中国农业出版社出版
地址：北京市朝阳区麦子店街 18 号楼
邮编：100125
策划编辑：郑　珂　王金环
责任编辑：王金环
版式设计：王　晨　责任校对：刘丽香
印刷：中农印务有限公司
版次：2022 年 6 月第 1 版
印次：2022 年 6 月北京第 1 次印刷
发行：新华书店北京发行所
开本：880mm×1230mm　1/32
印张：4　插页：6
字数：120 千字
定价：38.00 元

彩图1 小龙虾

彩图2 小龙虾具有坚硬的外壳

彩图3 小龙虾钙质磨石

彩图4 好斗的小龙虾

彩图5 小龙虾掘洞

彩图6 菹草

彩图7　轮叶黑藻

彩图8　伊乐藻

彩图9　苦　草

彩图10　水花生

彩图11　小龙虾蜕壳

彩图12　小龙虾（雄）

彩图13　小龙虾（雌）

彩图14　正在交配的小龙虾

彩图15　一尾雄虾与多尾雌虾交配试验

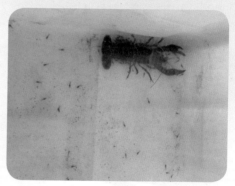

彩图16　小龙虾苗种刚孵出离开母体

彩图17　小龙虾抱卵棕色

彩图18　小龙虾抱卵棕色夹杂黄色

彩图19　小龙虾抱卵棕色夹黑色

彩图20　小龙虾抱卵黑色

彩图21　小龙虾防逃网

彩图22　池塘中间建设的小土丘

彩图23　室内工厂化育苗车间

彩图24　亲虾栖息的弧形瓦片巢穴

彩图 25　室内抱卵小龙虾孵化

彩图 26　小龙虾幼虾培育

彩图 27　检查雌虾性腺发育情况

彩图 28　不同发育阶段的小龙虾卵

彩图 29　小龙虾稻田综合种养（一）

彩图 30　小龙虾稻田综合种养（二）

彩图 31　虾沟和虾溜

彩图 32　"回"字形稻田

彩图 33　"川"字形稻田

彩图 34　稻田和虾沟之间筑田埂的稻田

彩图 35　防鸟设施

彩图 36　稻田插秧

彩图37　小龙虾1厘米左右的苗种

彩图38　大规格虾苗

彩图39　小龙虾池塘养殖

彩图40　小龙虾池塘防逃设施

彩图41　池塘清塘

彩图42　莲藕池塘养殖小龙虾

彩图43　小龙虾茭白共作

彩图44　小龙虾水芹轮作种养

彩图45　小龙虾慈姑共作

彩图46　水霉病

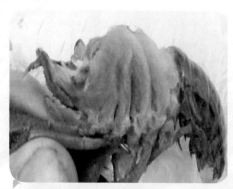

彩图47　黑鳃病

甲壳、尾部溃烂

彩图48　烂尾病

彩图 49 肠炎病

彩图 50 纤毛虫病

彩图 51 软壳病

彩图 52 烂壳病

彩图 53 蜕壳不遂病

彩图 54 水肿病

彩图55　螯虾瘟疫

彩图56　小龙虾苗种运输箱

彩图57　商品虾运输箱

彩图58　十三香小龙虾

彩图59　油焖小龙虾

彩图60　盐水原汁虾

彩图61　椒盐小龙虾

彩图62　安吉草滩家庭农场

彩图63　安吉草滩家庭农场组织的渔旅结合

彩图64　安吉草滩家庭农场稻田养虾

彩图65　全椒银花家庭农场

彩图66　全椒银花国家级稻渔综合种养示范区

彩图67　全椒银花家庭农场生产的百子银花虾田大米

彩图68　无为江十月生态农业模式

彩图69　无为江十月生态农业公司的冷藏车

彩图70　无为江十月稻虾米产品

彩图71　巢湖市高瑞农业科技发展有限公司"一水三用"综合种养模式

彩图72　巢湖市高瑞农业科技发展有限公司小龙虾苗种繁育池塘